高等学校计算机专业“十一五”规划教材

计算方法

高　尚　别小川　秦　斌　编著

罗作民　主审

西安电子科技大学出版社

2009

内容简介

本书着重介绍了工程计算中常用的数值计算方法，包括函数插值与曲线拟合、数值积分与数值微分、常微分方程数值解法、有限元法、非线性方程的数值解法、线性方程组的直接解法和迭代解法等方面的基础知识。书中注重实例介绍，每章均安排一个实例，同时对各种算法均配有适当的习题，习题类型包括填空、选择和计算证明，书末附有习题的参考答案，同时给出两份自测题及参考答案。本书力求概念叙述清晰准确，通俗易懂，删除了部分比较繁琐的理论证明。为加强计算方法课程的实践性环节，附录部分给出了实验指导，同时给出了实验效果示意图。

本书可作为高等院校理工科计算机、机械类及电子信息类专业本科教材，也可供从事科学与工程计算的科技工作者和研究人员参考。

图书在版编目(CIP)数据

计算方法/高尚，别小川，秦斌编著. —西安：西安电子科技大学出版社，2009.6

高等学校计算机专业“十一五”规划教材

ISBN 978-7-5606-2245-3

Ⅰ. 计…　Ⅱ. ① 高…　② 别…　③ 秦…　Ⅲ. 计算方法—高等学校—教材　Ⅳ. O241

中国版本图书馆 CIP 数据核字(2009)第 069255 号

策　　划　臧延新

责任编辑　陈　婷　臧延新

出版发行　西安电子科技大学出版社(西安市太白南路 2 号)

电　　话　(029)88242885　88201467　　邮　　编　710071

网　　址　www.xduph.com　　电子邮箱　xdupfxb001@163.com

经　　销　新华书店

印刷单位　陕西光大印务有限责任公司

版　　次　2009 年 6 月第 1 版　2009 年 6 月第 1 次印刷

开　　本　787 毫米×1092 毫米　1/16　印　张　10.75

字　　数　246 千字

印　　数　1～4000 册

定　　价　15.00 元

ISBN 978-7-5606-2245-3/O·0096

XDUP 2537001-1

＊＊＊如有印装问题可调换＊＊＊

本社图书封面为激光防伪覆膜，谨防盗版。

高等学校计算机专业“十一五”规划教材

编审专家委员会

主　任: 马建峰　（西安电子科技大学计算机学院院长，教授）

副主任: 赵祥模　（长安大学信息工程学院院长，教授）

余日泰　（杭州电子科技大学计算机学院副院长，副教授）

委　员:（按姓氏笔画排列）

王忠民　（西安邮电学院计算机系副主任，教授）

王培东　（哈尔滨理工大学计算机与控制学院院长，教授）

石美红　（西安工程大学计算机科学与技术系主任，教授）

纪　震　（深圳大学软件学院院长，教授）

刘卫光　（中原工学院计算机学院副院长，教授）

陈　以　（桂林电子科技大学计算机与控制学院副院长，副教授）

张尤赛　（江苏科技大学电子信息学院副院长，教授）

邵定宏　（南京工业大学信息科学与工程学院副院长，教授）

张秀虹　（青岛理工大学计算机工程学院副院长，教授，）

张焕君　（沈阳理工大学信息科学与工程学院副院长，副教授）

张瑞林　（浙江理工大学信息电子学院副院长，教授）

李敬兆　（安徽理工大学计算机科学与技术学院院长，教授）

范　勇　（西南科技大学计算机学院副院长，副教授）

陈庆奎　（上海理工大学计算机学院副院长，教授）

周维真　（北京信息科技大学计算机学院副院长，教授）

徐　苏　（南昌大学计算机系主任，教授）

姚全珠　（西安理工大学计算机学院副院长，教授）

徐国伟　（天津工业大学计算机技术与自动化学院副院长，副教授）

容晓峰　（西安工业大学计算机学院副院长，副教授）

龚尚福　（西安科技大学计算机系主任，教授）

策　划: 臧延新　云立实

杨　璠　陈　婷

前　言

当前社会，计算机技术的发展突飞猛进，并且已经深刻而广泛地融入到机械、建筑、信息、力学等各门学科，成为这些学科在发展和应用的过程当中不可缺少的有力工具。使用计算机完成科学理论分析和工程技术应用中的数据计算工作的具体方法，称为数值计算方法。数值计算方法已成为与理论分析、科学实验同样重要的科学研究方法，因此也就成为了广大科技工作者和工程开发人员的必备知识。

本书介绍了与现代科学计算有关的数值计算方法，阐明了数值算法的基本理论和方法，讨论了有关数值算法的收敛性和稳定性问题，以及在计算机上实现这些数值算法时的相关问题。内容包括数值计算的误差分析、插值和拟合、数值积分和数值微分、常微分方程初值问题的数值解法、有限元法、非线性方程的数值解法、线性代数方程组的数值解法等。以上内容具有一定的相对独立性，可根据需要进行取舍。书中注重实例介绍，每章均安排一个实例。同时对各种算法均配有适当的习题，习题类型包括填空、选择和计算证明题，并附有参考答案。本书力求概念叙述清晰准确，通俗易懂，删除了部分比较繁琐的理论证明。为加强计算方法课程的实践性环节，附录部分给出了实验指导。

本书是在多年教学实践和科学研究成果的基础上，参考当前数值分析和计算方法教材及相关科技文献编写而成的。书末列出了部分参考文献，编者谨向本书参考过的列出和未列出文献的所有作者致以衷心的谢意。同时，感谢江苏科技大学计算机科学与工程学院领导的关心和鼓励，感谢江苏科技大学教务处对本书出版给予的立项资助。

本书第 1～4 章及第 6、7 章由高尚编写，第 5 章和自测题由秦斌编写，附录部分由别小川编写。

由于编者水平有限，书中难免存在不妥之处，恳请读者批评指正。

编　者

2008 年 11 月

前言

目　录

第1章 引 论

教学目标 本章主要介绍算法的特征，通过示例说明研究算法的意义，了解误差及相对误差的概念。通过本章的学习，要求掌握误差与相对误差的计算、有效数字等知识。熟悉二分法求根，了解误差的来源，了解数值解法中应注意的几个原则。

科学技术的发展提出了大量复杂的数值计算问题，这些问题的解决不是人工手算所能胜任的，必须依靠电子计算机。用电子计算机进行这种科学计算的工作，称为科学计算(电算)。科学计算在工农业生产的各个部门发挥着日益重要的作用。

数值分析，也称计算方法、计算数学，是以数学问题为研究对象的一门学科，是数学的一个分支。它不像基础数学那样只研究数学本身的理论，还要着重研究求解的数值计算方法及与此相关的理论，包括方法的收敛性、稳定性及误差分析，更要根据计算机的特点研究计算时间最节省的计算方法。

本课程将着重介绍进行科学计算所必须掌握的一些最基本、最常用的算法。

1.1 算 法

1.1.1 研究算法的意义

计算机虽然运算速度高，可以承担大运算量工作，但正确制定算法才是科学计算的关键。

比如，基于行列式的克莱姆法则原则上可用来求解线性方程组。如求解一个 20 阶线性方程组，要算 21 个 20 阶行列式的值，总共需要 $20!\times 19\times 21$ 次乘法运算，大约 10^{21} 次乘法。如用每秒可完成 1 亿次乘法运算的计算机来计算，需要的时间为

$$\frac{10^{21}}{10^8\times 365\times 24\times 60\times 60}\approx 317\,098\text{ (年)}$$

即需要三十几万年，这当然没有实际意义，所以要研究可行的算法。本书第 7 章就提出了解线性方程组的许多实用算法。这个简单的例子告诉我们，能否正确制定算法是科学计算成败的关键。

1.1.2 算法

针对一个具体数学问题，可以给出多种解法。

例 1.1 证明二次方程 $x^2+2bx+c=0$ 至多有两个不同的实根。

解

(1) 反证法。

假定方程有三个互异的实根 x_1，x_2，x_3，则有

$$x_1^2+2bx_1+c=0$$
$$x_2^2+2bx_2+c=0$$
$$x_3^2+2bx_3+c=0$$

以上式子两两相减得

$$(x_1-x_2)(x_1+x_2+2b)=0$$
$$(x_1-x_3)(x_1+x_3+2b)=0$$

因为 $x_1\neq x_2\neq x_3$，所以有

$$x_1+x_2+2b=0$$
$$x_1+x_3+2b=0$$

从而 $x_2=x_3$，这与原假设矛盾，证毕。

(2) 图解法。

将方程 $x^2+2bx+c=0$ 配方为

$$(x+b)^2+c-b^2=0$$

在坐标纸上描出抛物线 $y=(x+b)^2+c-b^2$，它与 x 轴的交点的横坐标即为所求的实根，而交点至多为两个。

(3) 公式法。

根据 $(x+b)^2+c-b^2=0$，可导出直接的求根公式，即

$$x_{1,2}=-b\pm\sqrt{b^2-c}$$

上述三种方法，反证法不是构造性的，图解法虽是构造性的，但不是数值的。我们所说的算法，必须是构造性的数值方法，即不但要论证问题的可解性，而且解的构造是通过数值演算过程来完成的。

我们所要研究的算法是为计算机提供的计算方案，因此每个细节都必须准确地加以定义，并且整个解题过程必须完整地描述。因此，算法不仅仅是单纯的数学公式，而是指解题方案的准确而完整的描述。

描述算法可以用多种方式，本书常用框图直观地显示算法。

设要求解 $x^2+2bx+c=0$，我们将依据判别式 $d=b^2-c$ 的符号区分为下列三种情况：

(1) 若 $d<0$，则此时方程无实根。

(2) 若 $d=0$，则此时有重根 $x_1=x_2=-b$。

(3) 若 $d>0$，则 $x_{1,2}=-b\pm\sqrt{b^2-c}$。

本算法的框图如图 1-1 所示。

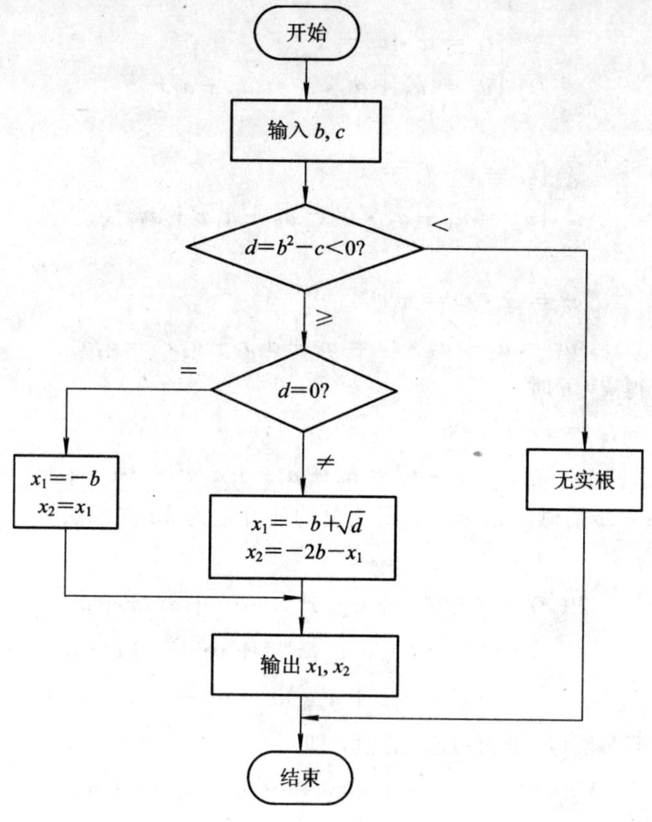

图 1-1 二次方程求根

下面剖析两个常用算法来阐述算法的基本特征。

1.1.3 多项式求值的秦九韶方法

计算公式通常是算法的核心部分，计算机上使用的算法，其计算公式常采用递推化的形式。递推化的基本思想是将一个复杂的计算过程归结为简单过程的多次重复，这种重复在算法上表现为循环，比较容易实现。

设要对给定的 x 求多项式 $P(x)=a_0+a_1x+\cdots+a_nx^n$ 的值。

1）直接计算

要对给定的一个 x 值计算多项式的值 $P(x)=a_0+a_1x+\cdots+a_nx^n$，需要作 $1+2+\cdots+n=\frac{1}{2}n(n+1)$ 次乘法。

2）逐项求和法

设 $t_k=x^k$，$u_k=a_0+a_1x+\cdots+a_kx^k$，则有递推公式

$$\begin{cases}t_k=x\cdot t_{k-1}\\ u_k=u_{k-1}+a_k\cdot t_k\end{cases},\quad \begin{cases}t_0=1\\ u_0=a_0\end{cases}$$

利用初值，对 $k=1, 2, \cdots, n$ 执行算法，得到：

$k=1$ 时，

$$\begin{cases}t_1 = x \cdot t_0 = x \\ u_1 = u_0 + a_1 \cdot t_1 = a_0 + a_1 x\end{cases}$$

$k=2$ 时，

$$\begin{cases}t_2 = x \cdot t_1 = x^2 \\ u_2 = u_1 + a_2 \cdot t_2 = a_0 + a_1 x + a_2 x^2\end{cases}$$

$k=3$ 时，

$$\begin{cases}t_3 = x \cdot t_2 = x^3 \\ u_3 = u_2 + a_3 \cdot t_3 = a_0 + a_1 x + a_2 x^2 + a_3 x^3\end{cases}$$

以此类推，可得 $k=n$ 时，

$$\begin{cases}t_n = x \cdot t_n = x^n \\ u_n = u_{n-1} + a_n \cdot t_n = a_0 + a_1 x + a_2 x^2 + \cdots + a_n x^n\end{cases}$$

递推公式的每一步需做两次乘法，因此总的计算量为 $2n$ 次乘法运算。

3）*秦九韶方法*

$$\begin{aligned}P(x) &= (a_n x^{n-1} + a_{n-1} x^{n-2} + \cdots + a_1)x + a_0 \\ &= ((a_n x^{n-2} + a_{n-1} x^{n-3} + \cdots + a_2)x + a_1)x + a_0 \\ &= ((\cdots(a_n x + a_{n-1})x + \cdots + a_2)x + a_1)x + a_0\end{aligned}$$

设用 V_k 表示第 k 层(从里面数起)的值，即

$$V_k = (\cdots(a_n x + a_{n-1})x + \cdots + a_{n-k+1})x + a_{n-k}$$

则有

$$V_k = x \cdot V_{k-1} + a_{n-k}, \quad V_0 = a_n \quad (k = 1, 2, \cdots, n)$$

$k=1$ 时，

$$V_1 = x \cdot V_0 + a_{n-1} = a_n x + a_{n-1}$$

$k=2$ 时，

$$V_2 = x \cdot V_1 + a_{n-2} = (a_n x + a_{n-1})x + a_{n-2}$$

以此类推，可得 $k=n$ 时，

$$V_n = x \cdot V_{n-1} + a_0 = (\cdots(a_n x + a_{n-1})x + \cdots + a_1)x + a_0$$

每一步需做 1 次乘法，其计算量减少了一半。

例如：

$$P(x) = 3x^3 + 4x^2 + 2x + 1 = ((3x + 4)x + 2)x + 1$$

秦九韶方法是由宋代数学家秦九韶提出的，国外称此算法为霍纳(Horner)算法，其实它比秦九韶方法晚 500 多年。

1.1.4 方程求根的二分法

许多实际算法表现为某种无穷递推过程的截断，实现这类算法，不但需要建立计算公式，还需要解决精度控制问题。

设函数 $f(x)$在$[a, b]$上连续，且 $f(a)f(b)<0$，根据连续函数的性质，$f(x)$在$[a, b]$内一定有零点，即方程 $f(x)=0$ 在$[a, b]$内一定有根。假设它在$[a, b]$内有唯一的单根 x^*，如图 1-2 所示。

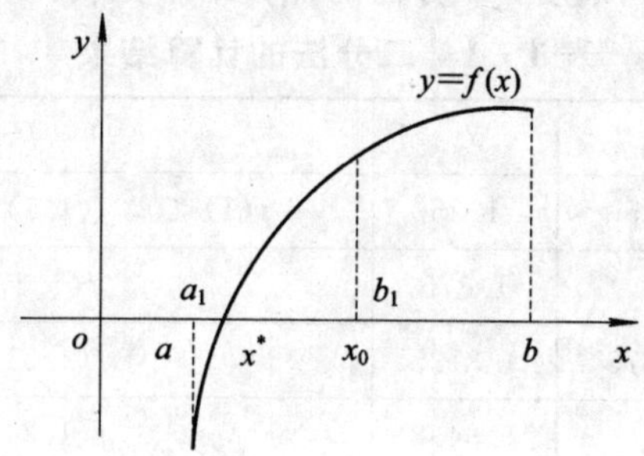

图 1-2 二分法示意图

考察有根区间$[a, b]$，取中点 $x_0=(a+b)/2$，检查 $f(x_0)$与 $f(a)$是否同号，如果确系同号，说明所求的根 x^* 在 x_0 右侧，这时令 $a_1=x_0$，$b_1=b$；否则 x^* 在 x_0 左侧，这时令 $a_1=a$，$b_1=x_0$。不管出现哪一种情形，新的有根区间$[a_1, b_1]$的长度仅为$[a, b]$的一半。

对压缩了的有根区间$[a_1, b_1]$又可施行同样的处理工程，即用中点 $x_1=(a_1+b_1)/2$ 将$[a_1, b_1]$再分为两半，判定所求的根 x^* 在 x_1 的哪一侧，从而确定一个新的有根区间$[a_2, b_2]$，其长度是$[a_1, b_1]$的一半。

如此反复二分下去，可得出有根区间序列

$$[a, b]\supset[a_1, b_1]\supset\cdots\supset[a_k, b_k]\supset\cdots$$

其中，每个区间长度都是前一个有根区间长度的一半，因此二分 k 次后的有根区间$[a_k, b_k]$的长度为

$$b_k-a_k=\frac{1}{2^k}(b-a)$$

可见，如果二分过程无限地继续下去，这些有根区间最终必收缩于一点 x^*，这点显然就是所要求的根。

实际计算时，我们不可能无穷计算下去，用 $x_k=\frac{1}{2}(b_k+a_k)$作 x^* 的近似值，其与 x^* 的误差为

$$|x^*-x_k|\leqslant\frac{1}{2}(b_k-a_k)=\frac{1}{2^{k+1}}(b-a)$$

若 ε 为给定精度，只要 k 充分大，一定能满足条件$|x^*-x_k|\leqslant\varepsilon$。

所以二分区间的次数为

$$k\geqslant\frac{\ln(b-a)-\ln\varepsilon}{\ln2}-1 \tag{1.1}$$

二分法的优点是计算简便，对函数 $f(x)$的要求不高，只要求连续即可，且误差估计容易。二分法的缺点是收敛速度很慢，每计算一步，误差减小一半。

例 1.2 用二分法求方程 $x^3-x-1=0$ 在区间$[1, 1.5]$内的一个实根，要求误差不超过 0.005。

解 首先估计二分法区间次数：

$$k \geqslant \frac{\ln(b-a)-\ln\varepsilon}{\ln 2}-1=\frac{\ln 0.5-\ln 0.005}{\ln 2}-1 \approx 5.644$$

所以用二分法 6 次运算就达到精度，二分法的计算结果见表 1－1。

表 1－1 二分法的计算结果

k	a_k	b_k	x_k	$f(x)$
0	1	1.5	1.25	$f(1)<0$，$f(1.5)>0$，$f(1.25)<0$
1	1.25		1.375	$f(1.375)>0$
2		1.375	1.3125	$f(1.3125)<0$
3	1.3125		1.3438	$f(1.3438)>0$
4		1.3438	1.3281	$f(1.3281)>0$
5		1.3281	1.3203	$f(1.3203)<0$
6	1.3203		1.3242	

因此，x^* 约为 1.3242。

1.2 误 差

1.2.1 误差分析

在研究算法的同时，必须注重误差分析，否则一个合理的算法也可能得出错误的结果。

例 1.3 用中心差商公式求 $f(x)=\sqrt{x}$ 在 $x=2$ 点的导数值。

解 中心差商公式为

$$f'(2)=\frac{\sqrt{2+h}-\sqrt{2-h}}{2h}$$

从理论上说，步长 h 愈小，计算结果愈准确，实际情况如何呢？

计算机上数据受机器字长的限制，设取 5 位有效数字计算，则

$$h=0.1,\ f'(2)=\frac{1.4491-1.3784}{0.2}\approx 0.353\ 50$$

$$h=0.0001,\ f'(2)=\frac{1.4142-1.4142}{0.0002}=0$$

$f'(2)$ 的精确解为 0.353 553…，取 5 位有效数字为 0.353 55。$h=0.1$ 时的结果还可以接受，$h=0.0001$ 的结果则毫无价值，因此要作变换

$$f'(2)=\frac{\sqrt{2+h}-\sqrt{2-h}}{2h}=\frac{1}{\sqrt{2+h}+\sqrt{2-h}}$$

当 $h=0.0001$ 时，$f'(2)\approx 0.353\ 56$。

例 1.4 求解方程 $x^2-(10^5+1)x+10^5=0$。

解 取 5 位数字计算，化成 $x^2+2bx+c=0$ 形式，即

$$c=10^5,\ b=-\frac{1}{2}(10^5+1)\approx -0.5\times 10^5$$

则 $x_1=10^5$，$x_2=0$ 与原来精确解 $x_1^*=10^5$，$x_2^*=1$ 结果严重失真，此现象称为“大数吃小数”。

例 1.5 考察方程组 $\begin{bmatrix} 1 & \frac{1}{2} & \frac{1}{3} \\ \frac{1}{2} & \frac{1}{3} & \frac{1}{4} \\ \frac{1}{3} & \frac{1}{4} & \frac{1}{5} \end{bmatrix}\begin{bmatrix} x_1 \\ x_2 \\ x_3 \end{bmatrix}=\begin{bmatrix} \frac{11}{6} \\ \frac{13}{12} \\ \frac{47}{60} \end{bmatrix}$，其精确解为 $x_1^*=x_2^*=x_3^*=1$，如果把系数舍入成 3 位浮点数，即

$$\begin{bmatrix} 1 & 0.500 & 0.333 \\ 0.500 & 0.333 & 0.250 \\ 0.333 & 0.250 & 0.200 \end{bmatrix}\begin{bmatrix} x_1 \\ x_2 \\ x_3 \end{bmatrix}=\begin{bmatrix} 1.83 \\ 1.08 \\ 0.783 \end{bmatrix}$$

求得 $x_1=1.09$，$x_2=0.488$，$x_3=1.49$。

尽管系数变化不大，但是所求出的解有很大出入，这类问题称作“病态问题”或“坏条件问题”。计算这类问题必须十分小心，一般采用高精度计算。

1.2.2 误差的来源

一个物理量的真实值与我们算出的值往往存在差异，它们的差称为误差。提起误差分析，往往给人不严格、不准确、不够完善的感觉，其实近似是正常的，误差是不可避免的。根据误差的来源，可将误差分为以下几种：

1）模型误差

用计算机解决科学计算问题，首先要建立数学模型。数学模型是对被描述的实际问题进行抽象、简化而得到的。在建立数学模型过程中，不可能将所有因素均考虑在内，必然要进行必要的简化，忽略一些次要因素，简化许多条件，这就带来了与实际问题的误差。数值计算方法不涉及模型误差，通常都假设数学模型是合理的。

2）观测误差（测量误差）

在数学模型中通常包含一些观测数据，如温度、长度、电压等，这些数据的值一般是由观测或实验得到的，由于观测手段的限制，得到的数据和实际大小必然有误差，这种误差称为观测误差，又称测量误差。

3）截断误差（方法误差）

许多数学运算（诸如微分、积分及无穷级数求和等）是通过极限来定义的，然而计算机只能完成有限次的算术运算和逻辑运算。通常把无限的计算过程用有限的计算过程代替，由此产生的误差称作截断误差。因截断误差是方法固有的，故又称为方法误差。

比如，e^x 可展开为幂级数形式

$$e^x=1+x+\frac{x^2}{2!}+\cdots+\frac{x^n}{n!}+\cdots$$

用计算机求值时，只能截取有限项

$$S_n(x) = 1 + x + \frac{x^2}{2!} + \cdots + \frac{x^n}{n!}$$

$S_n(x)$与 e^x 的值必然有误差，根据泰勒余项定理，其截断误差为

$$e^x - S_n(x) = \frac{x^{n+1}}{(n+1)!}e^{\theta x}, \quad 0 < \theta < 1 \tag{1.2}$$

4）舍入误差

计算过程中所用的数据可能位数很多，甚至是无穷小数，如 π，$\sqrt{2}$，1/3 等，由于计算是按有限位进行的，超过位数的数字要进行舍入。这种由于在计算过程中对数进行舍入而引起的误差，称为舍入误差。每一步的舍入误差是微不足道的，但经过计算过程的传播积累，舍入误差甚至可能会“淹没”真解。

数值分析中的测量误差可看做初始的舍入误差，因此数值分析主要研究的是截断误差与舍入误差对计算结果的影响。

1.2.3 误差限和有效数字

设精确值 x^* 的近似值为 x，称误差 $x^* - x$ 为近似值 x 的绝对误差，简称误差。

误差 $x^* - x$ 的具体数据通常无法确定，人们只能根据测量工具或计算过程设法估算出它的取值范围，即误差绝对值的一个上界：

$$|x^* - x| \leqslant \varepsilon$$

这种上界 ε 称做近似值 x 的绝对误差限，简称误差限或精度。

要将一个位数很多的数表示成一定的位数，通常采用四舍五入的方法，如 π=3.141 592 65…，可表示为 π=3.14 或 π=3.1416 等。

如果用 3.14 表示 π，其误差为 0.001 592 6，误差限为 $0.005 = \frac{1}{2} \times 10^{-2}$，也就是说误差限为其最末一位的半个单位。

如果近似值 x 的误差是它某一位的半个单位，我们就说 x 准确到这一位，并且从这一位起直到前面第一个非 0 数字为止的所有数字称为 x 的有效数字。

具体地说，精确值 x^* 的近似值（规格化形式）为

$$x = \pm 10^m (a_1 \times 10^{-1} + a_2 \times 10^{-2} + \cdots + a_n \times 10^{-n})$$

其中 $a_1, a_2, \cdots, a_n$ 是 0～9 之间的自然数，且 $a_1 \neq 0$。如果误差满足：

$$|x^* - x| \leqslant \frac{1}{2} \times 10^{m-l} \quad (1 \leqslant l \leqslant n)$$

则称近似值 x 有 l 位有效数字。

如 $3.14 = 0.314 \times 10^1$，$m=1$

$$|\pi - 3.14| = 0.001\,592\,65\cdots \leqslant 0.005 = \frac{1}{2} \times 10^{-2} = \frac{1}{2} \times 10^{1-3}, \ l = 3$$

故 3.14 有 3 位有效数字。

如 $3.1416 = 0.314\,16 \times 10^1$，$m=1$

$$|\pi - 3.1416| = 0.000\,007\,35\cdots \leqslant 0.000\,05 = \frac{1}{2} \times 10^{-4} = \frac{1}{2} \times 10^{1-5}, \ l = 5$$

故 3.1416 有 5 位有效数字。

又如 $\sqrt{115}=10.723\ 805\cdots$，近似值 $10.721\ 875=0.107\ 218\ 75\times10^2$，$m=2$

$$|\sqrt{115}-10.721\ 875|=0.001\ 930\cdots\leqslant 0.005=\frac{1}{2}\times10^{-2}=\frac{1}{2}\times10^{2-4},\ l=4$$

故 10.721 875 有 4 位有效数字。

由此可以得出规律：若末位数字是四舍五入得到的，则从这位数起到前面第一个不为零数字为止的数字均为有效数字。

1.2.4 相对误差限与有效数字的联系

绝对误差 $|x^*-x|$ 还不足以刻画 x 的精度。例如测量 1000 m 和 1 m 两个长度，若它们的绝对误差都是 1 cm，显然前者的测量比较准确。可见刻画近似值精度除了考虑绝对误差的大小外，还需要考虑该量本身的大小，为此引入相对误差的概念。

设精确值 x^* 的近似值为 x，以 $\dfrac{|x^*-x|}{x^*}$ 表示相对误差，一般用 $\dfrac{|x^*-x|}{|x|}$ 来近似计算相对误差。

若 $\dfrac{|x^*-x|}{|x|}\leqslant\varepsilon_r$，则称 ε_r 为近似值 x 的相对误差限。

下面阐明相对误差与有效数字的联系。

定理 1.1 设近似值 $x=\pm10^m(a_1\times10^{-1}+a_2\times10^{-2}+\cdots+a_n\times10^{-n})$，有 n 位有效数字，则其相对误差限为 $\dfrac{1}{2a_1}\times10^{-n+1}$。

证 因为近似值 x 有 n 位有效数字，则有

$$|x^*-x|\leqslant\frac{1}{2}\times10^{m-n}$$

而 $|x|\geqslant a_1\times10^{m-1}$，故

$$\frac{|x^*-x|}{x}\leqslant\frac{\frac{1}{2}\times10^{m-n}}{a_1\times10^{m-1}}=\frac{1}{2a_1}\times10^{-n+1}$$

定理 1.2 设近似值 $x=\pm10^m(a_1\times10^{-1}+a_2\times10^{-2}+\cdots+a_n\times10^{-n})$ 的相对误差限为 $\dfrac{1}{2(a_1+1)}\times10^{-n+1}$，则它至少有 n 位有效数字。

证 因为 $|x|\leqslant(a_1+1)\times10^{m-1}$，所以

$$|x^*-x|=\frac{|x^*-x|}{|x|}\cdot|x|\leqslant\frac{10^{-n+1}}{2(a_1+1)}\cdot(a_1+1)\times10^{m-1}$$
$$=\frac{1}{2}\times10^{m-n}$$

因此，近似值 x 有 n 位有效数字。

1.2.5 数值计算中应注意的几个原则

1. 避免两个相近数的相减

设 x^* 与 y^* 相接近，x 和 y 是 x^* 和 y^* 的近似值，$x-y$ 的相对误差为

$$\frac{|(x^*-y^*)-(x-y)|}{|x-y|}\leqslant\frac{|x^*-x|+|y^*-y|}{|x-y|}$$
$$=\frac{|x^*-x|}{|x|}\cdot\frac{|x|}{|x-y|}+\frac{|y^*-y|}{|y|}\cdot\frac{|y|}{|x-y|}$$

当 x 和 y 很接近时，$\frac{|x|}{|x-y|}$和$\frac{|y|}{|x-y|}$都很大，此时 $x-y$ 的相对误差可能比 x 和 y 的相对误差大得多。

实际处理时要尽量避免两个相近数相减，可作适当变换。如：

$$f'(2)=\frac{\sqrt{2+h}-\sqrt{2-h}}{2h}=\frac{1}{\sqrt{2+h}+\sqrt{2-h}}$$

$$y=\sqrt{x+1}-\sqrt{x}=\frac{1}{\sqrt{x+1}+\sqrt{x}}\quad (x\text{ 很大时})$$

$$\ln x-\ln y=\ln\frac{x}{y}\quad (x\text{ 和 }y\text{ 很接近时})$$

$$\sin(x+\varepsilon)-\sin x=2\cos\left(x+\frac{\varepsilon}{2}\right)\sin\frac{\varepsilon}{2}$$

如：$\sqrt{170}-13=0.038\ 404\ 8\cdots$，如用 4 位有效数字计算，$\sqrt{170}-13=13.04-13=0.04$，结果只有 1 位有效数字；如改为$\sqrt{170}-13=\frac{1}{\sqrt{170}+13}=0.038\ 40$，则有 4 位有效数字，新算法避免了两个相近数的相减。

2. 避免绝对值小的数作除数

比如

$$\frac{2.7182}{0.001}=2718.2$$

分母变为 0.0011 时，有

$$\frac{2.7182}{0.0011}=2471.1$$

商产生了巨大变化。

3. 防止大数吃掉小数

比如

$$A=51\ 234+\sum_{i=1}^{1000}\sigma_i,\quad \sigma_i=0.9$$
$$A=0.512\ 34\times10^5+0.000\ 009\times10^5+0.000\ 09\times10^5+\cdots$$
$$=0.512\ 34\times10^5\qquad\text{（要先对阶）}$$

这就是大数吃掉了小数。最好先计算小的数，然后再加上大的数。

$$A=512\ 34+\sum_{i=1}^{1000}\sigma_i=\sum_{i=1}^{1000}\sigma_i+51\ 234=900+51\ 234=52\ 134$$

4. 简化计算步骤

如果能减少运算次数，不但可以节省计算时间，而且还能减少舍入误差。比如计算多项式的值，用秦九韶方法。

例如计算 x^{22} 的值，若将 x 的值逐个相乘，那么需作 21 次乘法，但若令

$$u = x \cdot x,\ v = u \cdot u,\ w = v \cdot v,\ h = w \cdot w$$

那么 $x^{22} = u \cdot v \cdot h$，只要作 6 次乘法就可以了。

5. 用数值稳定的算法

一个程序往往要进行大量的四则运算才能得出结果，每一步的运算均会产生舍入误差。在运算过程中，舍入误差能控制在某个范围内的算法(舍入误差不增长)称之为数值稳定的算法，否则就称之为不稳定的算法。只有稳定的数值方法才可能给出可靠的计算结果，不稳定的数值方法毫无实用价值。

例 1.6 求 $I_n = \int_0^1 \frac{x^n}{x+5}\mathrm{d}x \quad (n = 1, 2, \cdots, 8)$ 的值。

解 由于

$$I_n + 5I_{n-1} = \int_0^1 \frac{x^n + 5x^{n-1}}{x+5}\mathrm{d}n = \int_0^1 x^{n-1}\mathrm{d}x = \frac{1}{n}$$

初值

$$I_0 = \int_0^1 \frac{1}{x+5}\mathrm{d}x = \ln 6 - \ln 5 = \ln 1.2$$

于是可建立递推公式

$$\begin{cases} I_0 = \ln 1.2 \\ I_n = \dfrac{1}{n} - 5I_{n-1} \end{cases} \quad (n = 1, 2, \cdots, 8) \tag{1.3}$$

若取 $I_0 = \ln 1.2 \approx 0.182$，按式(1.3)就可以逐步算得

$$I_1 = 1 - 5I_0 \approx 0.09$$

$$I_2 = \frac{1}{2} - 5I_1 \approx 0.05$$

$$I_3 = \frac{1}{3} - 5I_2 \approx 0.083$$

$$I_4 = \frac{1}{4} - 5I_3 \approx -0.165$$

因为在[0, 1]上的被积函数 $\frac{x^n}{x+5} \geqslant 0$(当且仅当 $x=0$ 时为零)，且当 $m>n$ 时，

$$\frac{x^n}{x+5} \geqslant \frac{x^m}{x+5} \quad (\text{当且仅当 } x = 0 \text{ 时，等号成立})$$

所以 $I_n(n=1, 2, \cdots, 8)$ 是恒正的，并有 $I_0 > I_1 > I_2 > \cdots > I_8 > 0$。

在上述计算结果中，I_4 的近似值是负的，这个结果显然是错的。为什么会这样呢？这就是误差传播所引起的危害。由递推公式(1.3)可看出，I_{n-1} 的误差扩大了 5 倍后传给 I_n，因而初值 I_0 的误差对以后各步计算结果的影响会随着 n 的增大愈来愈严重，这就造成 I_4 的计算结果严重失真。

如果改变计算公式，先取一个 I_n 的近似值，用公式(1.4)倒过来计算 I_{n-1}，I_{n-2}…即

$$I_{k-1} = \frac{1}{5k} - \frac{1}{5}I_k \quad (k = n, n-1, \cdots, 1) \tag{1.4}$$

情况就不同了。我们发现 I_k 的误差减小到 1/5 后传给 I_{k-1}，因而初值的误差对以后各步的

计算结果的影响是随着 n 的增大而愈来愈小。

由于误差是逐步衰减的，初值 I_n 可以这样确定，不妨设 $I_9 \approx I_{10}$，于是由

$$I_9 = \frac{1}{50} - \frac{1}{5} I_{10}$$

可求得 $I_9 \approx 0.017$，按公式(1.4)可逐次求得

$$I_8 \approx 0.019 \qquad I_7 = 0.021$$
$$I_6 = 0.024 \qquad I_5 \approx 0.028$$
$$I_4 \approx 0.034 \qquad I_3 \approx 0.043$$
$$I_2 \approx 0.058 \qquad I_1 \approx 0.088$$
$$I_0 \approx 0.182$$

显然，这样算出的 I_0 与 ln1.2 的值比较符合。虽然初值 I_9 很粗糙，但因为用公式(1.4)计算时，误差是逐步衰减的，所以计算结果相当可靠。

比较以上两个计算方案，显然，前者是一个不稳定的算法，后者是一个稳定算法。对于一个稳定的计算过程，由于舍入误差不增大，因而不具体估计舍入误差也是可用的。而对于一个不稳定的计算过程，如果计算步骤太多，就可能出现错误结果。因此，在实际应用中应选用数值稳定的算法，尽量避免使用数值不稳定的算法。

1.2.6 算法的评价标准

我们知道，计算机的特点是运算速度快，存储的信息量大，并能自动完成极其复杂的计算过程。计算机功能虽然很强，但是否可降低对算法的要求呢？许多事实证明，如果算法选择不当，计算机的利用率就得不到充分发挥，有时甚至不能得到满意的解答。一个好的算法，要求有以下几个优点：

(1) 计算量小或计算时间少。

(2) 算出的数值解精度高。

(3) 占用计算存储单元和工作单元少。

(4) 算法的逻辑结构简单。

习 题 一

一、填空题

(1) 数值计算中，误差主要来源于________误差、________误差、________误差和________误差。

(2) 为减少舍入误差，应将 $\sqrt{2006} - \sqrt{2004}$ 改写为________________。

(3) 若误差限为 0.000 005，那么近似数 0.003 400 有________位有效数字。

(4) 分别用 2.718 281，2.718 282 作数 e 的近似值，则其有效位数分别有________位和________位。

二、选择题

(1) 已知数 e=2.718 281 828…，取近似值 $x=2.7182$，那么 x 具有的有效数字是(　　)。

A. 4位　　B. 5位　　C. 6位　　D. 7位

(2) 求方程 $x^3+4x^2-10=0$ 在区间[1，2]内的根，要求误差限不超过 10^{-5}，那么二分次数 $k+1\geqslant$(　　)。

A. 15　　B. 16　　C. 17　　D. 18

(3) 计算 $(\sqrt{2}-1)^6$，用公式(　　)计算误差最小。

A. $(3-2\sqrt{2})^3$　　B. $99-70\sqrt{2}$　　C. $\dfrac{1}{(\sqrt{2}+1)^6}$　　D. $\dfrac{1}{99+70\sqrt{2}}$

(4) 方程 $x^3+4x^2-4=0$ 在区间[−4，−3]内有一根，在下面(　　)区间还有两根。

A. [−3，−2]和[0，1]　　B. [−2，−1]和[1，2]

C. [−3，−2]和[−2，−1]　　D. [−2，−1]和[0，1]

(5) 近似数 $x^*=3.141\,58$ 与精确值 π 比较，有(　　)位有效数字。

A. 2　　B. 3　　C. 4　　D. 5

(6) $\pi=3.141\,592\,653\cdots$ 的5位有效数字，它的绝对误差限是 π 的左起第5位的半个单位，即绝对误差限是(　　)。

A. 0.0005　　B. 0.000 005　　C. 0.000 05　　D. 0.000 000 5

三、计算题

(1) 用二分法求方程 $x^3-2x-5=0$ 在区间[2，3]内的一个实根，要求误差不超过0.01。

(2) 求方程 $x^2-74x+2=0$ 的两个根，使它们至少具有4位有效数字，其中 $\sqrt{1367}\approx 36.973$。

(3) 当 N 充分大时，怎样求 $\displaystyle\int_N^{N+1}\frac{1}{1+x^2}\mathrm{d}x$？

第2章 插值方法

教学目标 掌握函数插值的意义及概念；熟悉拉格朗日插值公式、牛顿插值公式及其余项公式；了解埃尔米特插值的计算方法；了解三次样条插值的概念及计算；理解曲线拟合的含义及计算。

实际问题中遇到的函数 $f(x)$ 是各种各样的，有的表达式很复杂，有的甚至给不出解析式，只提供了一些离散的数据(如某些点上的函数值和导数值)。由于问题的复杂性，直接研究函数 $f(x)$ 可能很困难。一个很自然的想法是设法将 $f(x)$“简单化”，即构造某个函数 $P(x)$ 作为 $f(x)$ 的近似，然后通过处理 $P(x)$ 获得关于 $f(x)$ 的结果。如果要求近似函数 $P(x)$ 取给定的离散数据，则称之为 $f(x)$ 的插值函数。

选用不同类型的插值函数，逼近的效果不同。由于代数多项式的结构简单，数值计算和理论分析都很方便，一般用代数多项式作为插值函数，这就是代数插值。

2.1 泰勒插值

所谓泰勒插值，就是求作 n 次多项式 $P_n(x)$，使其满足条件

$$P_n^{(k)}(x_0) = y_0^{(k)},\ k = 0, 1, 2, \cdots, n$$

这里 $y_0^{(k)}(k=0, 1, 2, \cdots, n)$ 为一组已知数据。

所谓“n 次多项式”，常常泛指次数不超过 n 的多项式。泰勒展开方法其实就是一种插值法。泰勒多项式

$$P_n(x) = f(x_0) + f'(x_0)(x-x_0) + \frac{f''(x_0)}{2!}(x-x_0)^2 + \cdots + \frac{f^{(n)}(x_0)}{n!}(x-x_0)^n \tag{2.1}$$

与 $f(x)$ 在点 x_0 处具有相同的导数值，即

$$P_n^{(k)}(x_0) = f^{(k)}(x_0),\ k = 0, 1, 2, \cdots, n$$

若 $f^{(k)}(x_0)=y_0^{(k)}$，则上述泰勒插值的解就是泰勒多项式，插值余项为

$$f(x) - P_n(x) = \frac{f^{(n+1)}(\xi)}{(n+1)!}(x-x_0)^{n+1}$$

其中，ξ 界于 x_0 与 x 之间。

例 2.1　求作3次多项式 $P_3(x)$，使其满足条件 $P_3(2)=4$，$P_3'(2)=3$，$P_3''(2)=2$，$P_3^{(3)}(2)=6$。

解
$$\begin{aligned}P_3(x)&=4+3(x-2)+\frac{2}{2!}(x-2)^2+\frac{6}{3!}(x-2)^3\\&=x^3-5x^2+11x-6\end{aligned}$$

2.2　拉格朗日插值公式

2.2.1　拉格朗日插值待定系数方法

拉格朗日插值问题就是求作 n 次多项式 $P_n(x)$，使满足条件

$$P_n(x_i)=y_i,\ i=0,1,2,\cdots,n$$

其中 x_i(互不相同)称为插值节点。用几何语言表述这类插值，就是通过曲线 $y=f(x)$ 给定的 $n+1$ 个点 $(x_i, y_i)(i=0, 1, 2, \cdots, n)$，求作一条 n 次多项式曲线 $y=P_n(x)$ 作为 $y=f(x)$ 的近似。

设 $P_n(x)=a_0+a_1x+\cdots+a_nx^n$，由已知节点得到下面的方程组

$$\begin{cases}a_0+a_1x_0+a_2x_0^2+\cdots+a_nx_0^n=y_0\\a_0+a_1x_1+a_2x_1^2+\cdots+a_nx_1^n=y_1\\\qquad\vdots\\a_0+a_1x_n+a_2x_n^2+\cdots+a_nx_n^n=y_n\end{cases}\tag{2.2}$$

这是一个关于变量 $(a_0, a_1, \cdots, a_n)$ 的 $n+1$ 元线性方程组，可解出 $(a_0, a_1, \cdots, a_n)$，方法是采用克莱姆法则：

$$\boldsymbol{D}=\begin{vmatrix}1 & x_0 & x_0^2 & \cdots & x_0^n\\1 & x_1 & x_1^2 & \cdots & x_1^n\\\vdots & \vdots & \vdots & & \vdots\\1 & x_n & x_n^2 & \cdots & x_n^n\end{vmatrix}$$

$$\boldsymbol{D}_0=\begin{vmatrix}y_0 & x_0 & x_0^2 & \cdots & x_0^n\\y_1 & x_1 & x_1^2 & \cdots & x_1^n\\\vdots & \vdots & \vdots & & \vdots\\y_n & x_n & x_n^2 & \cdots & x_n^n\end{vmatrix}$$

$$\boldsymbol{D}_1=\begin{vmatrix}1 & y_0 & x_0^2 & \cdots & x_0^n\\1 & y_1 & x_1^2 & \cdots & x_1^n\\\vdots & \vdots & \vdots & & \vdots\\1 & y_n & x_n^2 & \cdots & x_n^n\end{vmatrix}$$

以此类推

$$\boldsymbol{D}_n=\begin{vmatrix}1 & x_0 & x_0^2 & \cdots & y_0\\ 1 & x_1 & x_1^2 & \cdots & y_1\\ \vdots & \vdots & \vdots & & \vdots\\ 1 & x_n & x_n^2 & \cdots & y_n\end{vmatrix}$$

可得

$$a_0=\frac{\boldsymbol{D}_0}{\boldsymbol{D}},\ a_1=\frac{\boldsymbol{D}_1}{\boldsymbol{D}},\ \cdots,\ a_n=\frac{\boldsymbol{D}_n}{\boldsymbol{D}}$$

这种方法计算量大，不便于应用，因此需要寻找其它方法。

2.2.2 拉格朗日插值计算公式

下面通过构造性的方法来推导拉格朗日多项式，首先考虑一个简单插值问题。

求一个 n 次多项式 $l_0(x)$，使满足

$$l_0(x_0)=1,\ l_0(x_1)=l_0(x_2)=\cdots=l_0(x_n)=0$$

因为 x_1，x_2，…，x_n 是 $l_0(x)$的 n 个零点，故可设

$$l_0(x)=A(x-x_1)(x-x_2)\cdots(x-x_n)$$

由 $l_0(x_0)=1$ 可求出 A

$$A=\frac{1}{(x_0-x_1)(x_0-x_2)\cdots(x_0-x_n)}$$

则得到

$$l_0(x)=\frac{(x-x_1)(x-x_2)\cdots(x-x_n)}{(x_0-x_1)(x_0-x_2)\cdots(x_0-x_n)}$$

同样可求一个 n 次多项式 $l_1(x)$，使满足

$$l_1(x_1)=1,\ l_1(x_0)=l_1(x_2)=\cdots=l_1(x_n)=0$$

可得

$$l_1(x)=\frac{(x-x_0)(x-x_2)\cdots(x-x_n)}{(x_1-x_0)(x_1-x_2)\cdots(x_1-x_n)}$$

一般地，可求一个 n 次多项式 $l_k(x)$，使满足

$$l_k(x_k)=1,\ l_k(x_0)=l_k(x_2)=\cdots=l_k(x_n)=0$$

可得

$$l_k(x)=\frac{(x-x_0)(x-x_2)\cdots(x-x_{k-1})(x-x_{k+1})\cdots(x-x_n)}{(x_k-x_0)(x_k-x_2)\cdots(x_k-x_{k-1})(x_k-x_{k+1})\cdots(x_k-x_n)}$$

$$=\prod_{\substack{j=0\\ j\neq k}}^{n}\frac{x-x_j}{x_k-x_j}$$

则可得到拉格朗日多项式的解为

$$P_n(x)=l_0(x)y_0+l_1(x)y_1+\cdots+l_n(x)y_n$$

$$=\sum_{k=0}^{n}l_k(x)y_k=\sum_{k=0}^{n}\left(\prod_{\substack{j=0\\ j\neq k}}^{n}\frac{x-x_j}{x_k-x_j}y_k\right)\tag{2.3}$$

图 2-1 所示是拉格朗日方法的算法框图。

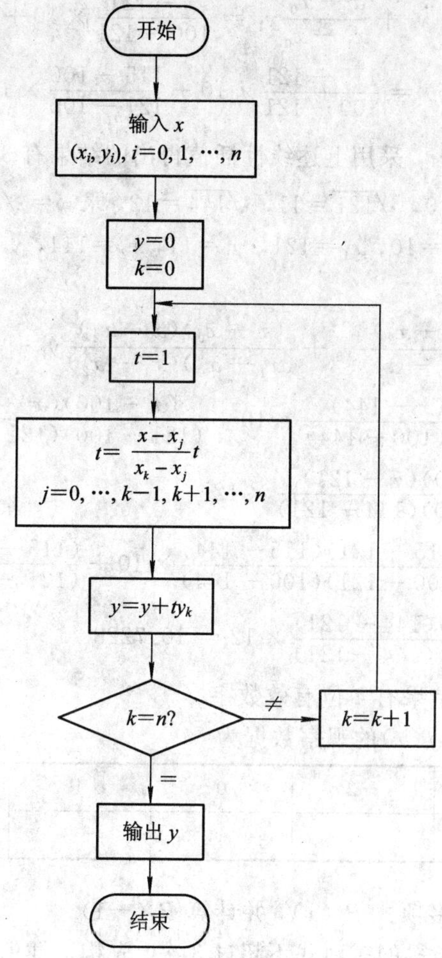

图 2-1　拉格朗日插值

下面是几种常见的特殊情形：

(1) 线性插值($n=1$)

$$P_1(x)=\frac{x-x_1}{x_0-x_1}y_0+\frac{x-x_0}{x_1-x_0}y_1$$

(2) 抛物插值($n=2$)

$$P_2(x)=\frac{(x-x_1)(x-x_2)}{(x_0-x_1)(x_0-x_2)}y_0+\frac{(x-x_0)(x-x_2)}{(x_1-x_0)(x_1-x_2)}y_1+\frac{(x-x_0)(x-x_1)}{(x_2-x_0)(x_2-x_1)}y_2$$

(3) 三次插值($n=3$)

$$P_3(x)=\frac{(x-x_1)(x-x_2)(x-x_3)}{(x_0-x_1)(x_0-x_2)(x_0-x_3)}y_0+\frac{(x-x_0)(x-x_2)(x-x_3)}{(x_1-x_0)(x_1-x_2)(x_1-x_3)}y_1$$
$$+\frac{(x-x_0)(x-x_1)(x-x_3)}{(x_2-x_0)(x_2-x_1)(x_2-x_3)}y_2+\frac{(x-x_0)(x-x_1)(x-x_2)}{(x_3-x_0)(x_3-x_1)(x_3-x_2)}y_3$$

例 2.2　已知 $\sqrt{100}=10$，$\sqrt{121}=11$，求 $y=\sqrt{115}$。

解　已知 $x_0=100$，$y_0=10$，$x_1=121$，$y_1=11$，线性插值多项式为

$$P_1(x)=\frac{x-x_1}{x_0-x_1}y_0+\frac{x-x_0}{x_1-x_0}y_1=\frac{x-121}{100-121}\times 10+\frac{x-100}{121-100}\times 11$$

$$\sqrt{115}\approx P_1(115)=\frac{115-121}{100-121}\times 10+\frac{115-100}{121-100}\times 11=10.714\ 25$$

$\sqrt{115}$的精确值为 10.7238…，采用上述线性插值得出的结果有 3 位有效数字。

例 2.3 已知$\sqrt{100}=10$，$\sqrt{121}=11$，$\sqrt{144}=12$，求 $y=\sqrt{115}$。

解 已知 $x_0=100$，$y_0=10$，$x_1=121$，$y_1=11$，$x_2=144$，$y_2=12$

二次插值多项式为

$$\begin{aligned}P_2(x)&=\frac{(x-x_1)(x-x_2)}{(x_0-x_1)(x_0-x_2)}y_0+\frac{(x-x_0)(x-x_2)}{(x_1-x_0)(x_1-x_2)}y_1+\frac{(x-x_0)(x-x_1)}{(x_2-x_0)(x_2-x_1)}y_2\\&=\frac{(x-121)(x-144)}{(100-121)(100-144)}\times 10+\frac{(x-100)(x-144)}{(121-100)(121-144)}\times 11\\&\quad+\frac{(x-100)(x-121)}{(144-100)(144-121)}\times 12\end{aligned}$$

$$\begin{aligned}\sqrt{115}\approx P_2(115)&=\frac{(115-121)(115-144)}{(100-121)(100-144)}\times 10+\frac{(115-100)(115-144)}{(121-100)(121-144)}\times 11\\&\quad+\frac{(144-100)(144-121)}{(144-100)(144-121)}\times 12=10.7228\end{aligned}$$

采用上述抛物插值得出的结果有 4 位有效数字。

例 2.4 已知函数 $y=f(x)$的观察数据为

x_k	-2	0	4	5
y_k	5	1	-3	1

试构造拉格朗日插值多项式 $P_3(x)$，并计算 $P_3(-1)$。

解 已知 4 对数据，求得的多项式不超过 3 次。先构造插值基函数

$$l_0(x)=\frac{x(x-4)(x-5)}{(-2-0)(-2-4)(-2-5)}=-\frac{x(x-4)(x-5)}{84}$$

$$l_1(x)=\frac{(x+2)(x-4)(x-5)}{(0-(-2))(0-4)(0-5)}=\frac{(x+2)(x-4)(x-5)}{40}$$

$$l_2(x)=\frac{(x+2)x(x-5)}{(4+2)(4-0)(4-5)}=-\frac{x(x+2)(x-5)}{24}$$

$$l_3(x)=\frac{(x+2)x(x-4)}{(5+2)(5-0)(5-4)}=\frac{(x+2)x(x-4)}{35}$$

所求三次多项式为

$$\begin{aligned}P_3(x)&=\sum_{k=0}^{3}y_kl_k(x)\\&=5\times\frac{x(x-4)(x-5)}{84}+\frac{(x+2)(x-4)(x-5)}{40}\\&\quad+(-3)\times\frac{x(x+2)(x-5)}{24}+\frac{(x+2)x(x-4)}{35}\\&=\frac{5}{42}x^3-\frac{1}{14}x^2-\frac{55}{21}x+1\end{aligned}$$

$$P_3(-1)=-\frac{5}{42}-\frac{1}{14}+\frac{55}{21}+1=-\frac{24}{7}$$

2.2.3　拉格朗日插值余项公式

在$[a, b]$上，若用$P_n(x)$近似$f(x)$，在节点$x_i(i=0, 1, 2, \cdots, n)$上有$P_n(x_i)=f(x)$，不存在误差，但在其它点$x\in[a, b]$上，$P_n(x)$与$f(x)$一般不相等，存在误差，记$R(x)=f(x)-P_n(x)$为插值函数$P_n(x)$的截断误差，或称插值余项。

定理 2.1：设区间$[a, b]$含有$x_0, x_1, \cdots, x_n$，而$f(x)$在$[a, b]$内有直到$n+1$阶导数，且$f(x_i)=y_i(i=0, 1, 2, \cdots, n)$已知，则当$x\in[a, b]$时，

$$P(x)=f(x)-P_n(x)=\frac{f^{(n+1)}(\xi)}{(n+1)!}\prod_{k=0}^{n}(x-x_k)$$

其中ξ与x有关，它包含在由$x_0, x_1, \cdots, x_n$和x所界定的范围内。

拉格朗日余项定理在理论上有重要价值，它刻画了拉格朗日插值的某些特征。

余项中含有因子$\omega(x)=(x-x_0)(x-x_1)\cdots(x-x_n)$，如果插值点$x$偏离插值节点$x_0, x_1, \cdots, x_n$比较远，插值效果可能不理想。通常称插值节点所界定的范围$\left|\min\limits_{0\leqslant i\leqslant n} x_i, \max\limits_{0\leqslant i\leqslant n} x_i\right|$为插值区间。如果插值点位于插值区间内，称为内插，否则称为外推。余项定理表明外推是不可靠的。

2.3　牛顿插值公式

2.3.1　差商及其性质

所谓差商(又称均差)，是导数在计算机中表示和运算的离散近似。对于给定的函数$f(x)$，其在x_0, x_1两点的差商定义为

$$f(x_0, x_1)=\frac{f(x_0)-f(x_1)}{x_0-x_1}=\frac{f(x_0)}{x_0-x_1}+\frac{f(x_1)}{x_1-x_0}\text{(或记作 } f[x_0, x_1]\text{)}$$

类似二阶导数的定义，我们可以定义二阶差商为如下形式：

$$\begin{aligned}f(x_0, x_1, x_2)&=\frac{f(x_0, x_1)-f(x_1, x_2)}{x_0-x_2}\\&=\frac{f(x_0)}{(x_0-x_1)(x_0-x_2)}+\frac{f(x_1)}{(x_1-x_0)(x_1-x_2)}+\frac{f(x_2)}{(x_2-x_0)(x_2-x_1)}\end{aligned}$$

一般递归地用$n-1$阶差商定义n阶差商，可知：

$$\begin{aligned}f(x_0, x_1, \cdots, x_n)&=\frac{f(x_0, x_1, \cdots, x_{n-1})-f(x_1, x_2, \cdots, x_n)}{x_0-x_n}\\&=\sum_{k=0}^{n}\frac{f(x_k)}{\prod\limits_{\substack{j=0\\j\neq k}}^{n}(x_k-x_j)}\end{aligned}\tag{2.4}$$

差商与插值节点顺序无关，即调换两个节点的顺序，只会改变求和的次序，其值不变，

如

$$f(x_0, x_1) = f(x_1, x_0)$$

$$f(x_0, x_1, x_2) = f(x_1, x_0, x_2) = f(x_1, x_2, x_0) = \cdots$$

2.3.2　差商形式的插值公式

考察下面的线性插值公式

$$P_1(x) = \frac{x - x_1}{x_0 - x_1} f(x_0) + \frac{x - x_0}{x_1 - x_0} f(x_1)$$

上式可变形为

$$P_1(x) = f(x_0) + \frac{f(x_1) - f(x_0)}{x_1 - x_0}(x - x_0) = f(x_0) + f(x_0, x_1)(x - x_0)$$

即

$$f(x) = f(x_0) + f(x_0, x)(x - x_0)$$

$$f(x_0, x) = f(x_0, x_1) + f(x_0, x_1, x)(x - x_1)$$

以此类推，得

$$f(x_0, x_1, x) = f(x_0, x_1, x_2) + f(x_0, x_1, x_2, x)(x - x_2)$$

将后式代入前式可得到多项式

$$\begin{aligned} P_n(x) = {} & f(x_0) + f(x_0, x_1)(x - x_0) + f(x_0, x_1, x_2)(x - x_0)(x - x_1) + \cdots \\ & + f(x_0, x_1, \cdots, x_n)(x - x_0)(x - x_1)\cdots(x - x_{n-1}) \end{aligned}$$

余项为

$$P(x) = f(x_0, x_1, \cdots, x_n, x)(x - x_0)(x - x_1)\cdots(x - x_n)$$

这种插值公式称为牛顿插值公式。

牛顿插值是拉格朗日插值的一种变形，比较余项定理与上式，可得以下结论：

在节点所界定的范围 Δ: $[\min\limits_{0\leqslant i\leqslant n} x_i, \max\limits_{0\leqslant i\leqslant n} x_i]$内，存在一点 ξ，使下式成立：

$$f(x_0, x_1, \cdots, x_n) = \frac{f^{(n)}(\xi)}{n!}$$

为方便差商的计算，实际解题过程中一般列出下面的差商表。

k	x_k	$f(x_k)$	一阶差商	二阶差商	三阶差商
0	x_0	$f(x_0)$			
1	x_1	$f(x_1)$	$f(x_0, x_1)$		
2	x_2	$f(x_2)$	$f(x_1, x_2)$	$f(x_0, x_1, x_2)$	
3	x_3	$f(x_3)$	$f(x_2, x_3)$	$f(x_1, x_2, x_3)$	$f(x_0, x_1, x_2, x_3)$

$P_n(x)$中各项系数就是差商表中斜线上所对应的各阶差商。

例 2.5　求通过下面五个节点的 4 次牛顿插值多项式。

x_k	1	2	3	4	5
y_k	1	4	7	8	6

解

k	x_k	$f(x_k)$	一阶差商	二阶差商	三阶差商	四阶差商
0	1	1				
1	2	4	3			
2	3	7	3	0		
3	4	8	1	−1	$-\frac{1}{3}$	
4	5	6	−2	$-\frac{3}{2}$	$-\frac{1}{6}$	$\frac{1}{24}$

所以有

$$
\begin{aligned}
P_4(x) &= 1+3(x-1)+0(x-1)(x-2)+\left(-\frac{1}{3}\right)(x-1)(x-2)(x-3) \\
&\quad +\frac{1}{24}(x-1)(x-2)(x-3)(x-4) \\
&= \frac{1}{24}x^4-\frac{3}{4}x^3+\frac{83}{24}x^2-\frac{1}{4}x+1
\end{aligned}
$$

2.4 埃尔米特(Hermite)插值

在某些问题中，为了保证插值函数能更好地密合原函数，不但要求“过点”，即两者在节点上具有相同的函数值，而且要求“相切”，即在节点上还具有相同的导数值。这类插值称作切触插值，或称埃尔米特插值。它是泰勒插值和拉格朗日插值的综合和推广。

我们首先考虑二次埃尔米特插值。所谓二次埃尔米特插值，就是求作二次 $P_2(x)$，使满足

$$P_2(x_0)=y_0,\ P_2'(x_0)=y_0',\ P_2(x_1)=y_1$$

从图形上看曲线 $y=P_2(x)$ 与 $y=f(x)$ 不但有两个交点 (x_0, y_0) 和 (x_1, y_1)，而且在点 (x_0, y_0) 处相切。

设 $x_0=0$，$x_1=1$，多项式为

$$P_2(x)=y_0\varphi_0(x)+y_1\varphi_1(x)+y_0'\psi_0(x)$$

式中基函数 $\varphi_0(x)$，$\varphi_1(x)$ 和 $\psi_0(x)$ 均为二次式。它们分别满足条件：

$$
\begin{aligned}
&\varphi_0(0)=1,\ \varphi_0(1)=\varphi_0'(0)=0 \\
&\varphi_1(1)=1,\ \varphi_1(0)=\varphi_1'(0)=0 \\
&\psi_0'(0)=1,\ \psi_0(0)=\psi_0(1)=0
\end{aligned}
$$

可以求出 $\varphi_0(x)$，$\varphi_1(x)$ 和 $\psi_0(x)$ 的表达式为

$$\varphi_0(x)=1-x^2,\ \varphi_1(x)=x^2,\ \psi_0(x)=x(1-x)$$

记 $h=x_1-x_0$，则二次埃尔米特插值的解为

$$P_2(x)=y_0\varphi_0\left(\frac{x-x_0}{h}\right)+y_1\varphi_1\left(\frac{x-x_0}{h}\right)+hy'_0\psi_0\left(\frac{x-x_0}{h}\right) \tag{2.5}$$

例 2.6 求作二次多项式 $P_2(x)$，使满足 $P_2(0)=3$，$P'_2(0)=-2$，$P_2(3)=6$。

解 $P_2(x)=3\varphi_0\left(\frac{x}{3}\right)+6\varphi_1\left(\frac{x}{3}\right)+3\times(-2)\psi_0\left(\frac{x}{3}\right)$

$$=3\left(1-\frac{x^2}{9}\right)+6\times\frac{x^2}{9}-6\times\frac{x}{3}\left(1-\frac{x}{3}\right)$$

$$=x^2-2x+3$$

所谓三次埃尔米特插值，就是求作三次 $P_3(x)$，使满足

$$P_3(x_0)=y_0,\ P'_3(x_0)=y'_0,\ P_3(x_1)=y_1,\ P'_3(x_1)=y'_1$$

令 $h=x_1-x_0$，可得

$$P_3(x)=y_0\varphi_0\left(\frac{x-x_0}{h}\right)+y_1\varphi_1\left(\frac{x-x_0}{h}\right)+hy'_0\psi_0\left(\frac{x-x_0}{h}\right)+hy'_1\psi_1\left(\frac{x-x_0}{h}\right) \tag{2.6}$$

其中，

$$\varphi_0(x)=(x-1)^2(2x+1)$$

$$\varphi_1(x)=x^2(-2x+3)$$

$$\psi_0(x)=x(x-1)^2$$

$$\psi_1(x)=x^2(x-1)$$

例 2.7 求作三次多项式 $P_3(x)$，使满足 $P_3(0)=0$，$P'_3(0)=-3$，$P_1(1)=1$，$P'_3(1)=9$。

解 $P_3(x)=0\times\varphi_0(x)+\varphi_1(x)-3\times\psi_0(x)+9\psi_1(x)$

$$=x^2(-2x+3)-3x(x-1)^2+9x^2(x-1)$$

$$=4x^3-3x$$

可以证明二次埃尔米特插值和三次埃尔米特插值的插值余项分别为

$$f(x)-P_2(x)=\frac{f^{(3)}(\xi_1)}{3!}(x-x_0)^2(x-x_1)$$

$$f(x)-P_3(x)=\frac{f^{(4)}(\xi_2)}{4!}(x-x_0)^2(x-x_1)^2$$

其中 ξ_1、ξ_2 均包含在由点 x_0、x_1 和 x 所界定的范围内。

2.5 分段插值

2.5.1 高次插值的龙格现象

多项式历来被认为是最好的逼近工具之一，然而随着节点个数的增加，多项式的次数随之升高，而高次插值的逼近效果往往并不理想。

例如 $f(x)=\frac{1}{1+x^2}$ 的 $P_5(x)$、$P_{10}(x)$ 图像如图 2-2 所示，我们可以看到，虽然采用高次插值，函数会有更多的点与所逼近的函数取相同的值，但从整体看，不一定能改善逼近效果。n 较大时，$P_n(x)$ 在两端会发生激烈的震荡。这种现象在 1901 年首次被德国数学家

龙格(C. Runge)发现，因此称为龙格现象。龙格现象说明，在大的范围内使用高次插值，逼近的效果往往是不理想的。

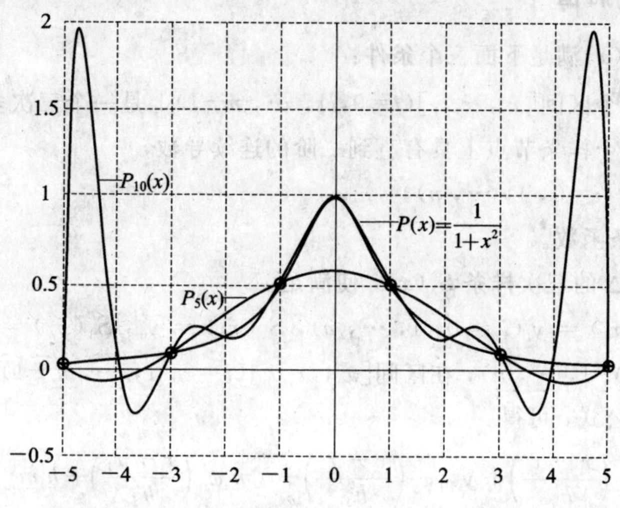

图 2-2　龙格现象

2.5.2　分段插值方法

如果插值的范围比较小，则运用低次插值往往能奏效。所谓分段插值，就是将被插值的函数逐段多项式化。分段插值分两步：

(1) 将区间$[a, b]$作一分划 Δ：$a=x_0<x_1<\cdots<x_n=b$，并在每个子段$[x_i, x_{i+1}]$上构造插值多项式；

(2) 将每子段上的插值多项式装配在一起，作为区间$[a, b]$上的插值函数。

如果函数 $S_k(x)$在分划 Δ 的每个子段上$[x_i, x_{i+1}]$都是 k 次式，则称 $S_k(x)$为具有分划 Δ 的分段 k 次式。点 $x_i(i=0, 1, \cdots, n)$称为 $S_k(x)$的节点。

常用的有分段一次插值、分段三次插值等。

2.6　样条函数

20 世纪 60 年代，由于航空、造船等工程设计的需要，样条函数应运而生。样条函数不仅是现代函数逼近的一个活跃的分支，而且也是现代数值计算中的一个十分重要的数学工具。在外形设计乃至计算机辅助设计的许多领域，样条函数被认为是一种有效的数学工具。

2.6.1　样条函数的概念

样条(spline)这个词本来是指飞机和船舶制造过程中，为了描绘出光滑的外形曲线所用的一种绘图工具。它是一种柔软富有弹性的细长条，使用时用压铁固定在一些给定的样点上，在其它地方任它自由弯曲，然后将依样画下的光滑曲线拼接而成的曲线，在拼接处，不但函数自身是连续的，而且它的一阶导数、二阶导数也是连续的。

2.6.2 三次样条插值

若分段函数 $S_3(x)$满足下面三个条件：

(1) $S_3(x)$在每个区间$[x_i, x_{i+1}]$($i=0, 1, \cdots, n-1$)上是一个三次多项式，

(2) $S_3(x)$在每个样条节点上具有直到二阶的连续导数，

(3) $S_3(x_i)=y_i$($i=0, 1, \cdots, n$)，

则 $S_3(x)$为三次样条函数。

求作具有划分 Δ 的三次样条 $S_3(x)$，使满足

$$S_3(x_i) = y_i(i=0, 1, \cdots, n),\ S_3'(x_0) = y_0',\ S_3'(x_n) = y_n'$$

设 $S_3'(x_i)=m_i$($i=0, 1, \cdots, n$)，在区间$[x_i, x_{i+1}]$($i=0, 1, \cdots, n-1$)内，$h_i=x_{i+1}-x_i$。根据埃尔米特插值公式，可得

$$S_3(x) = y_i\varphi_0\left(\frac{x-x_i}{h_i}\right)+y_{i+1}\varphi_1\left(\frac{x-x_i}{h_i}\right)+h_im_i\psi_0\left(\frac{x-x_i}{h_i}\right)+h_im_{i+1}\psi_1\left(\frac{x-x_i}{h_i}\right)$$

其中

$$\varphi_0(x) = (x-1)^2(2x+1),\ \varphi_1(x) = x^2(-2x+3),$$
$$\psi_0(x) = x(x-1)^2,\ \psi_1(x) = x^2(x-1)$$

将 x_i，x_{i+1}代入 $S_3(x)$，得

$$S_3''(x_i) = 6\,\frac{y_{i+1}-y_i}{h_i^2}-\frac{4m_i+2m_{i+1}}{h_i}$$

$$S_3''(x_{i+1}) = -6\,\frac{y_{i+1}-y_i}{h_i^2}+\frac{2m_i+4m_{i+1}}{h_i}$$

由 $S_3''(x_i^-)=S_3''(x_i^+)$得

$$-6\,\frac{y_i-y_{i-1}}{h_{i-1}^2}+\frac{2m_{i-1}+4m_i}{h_{i-1}} = 6\,\frac{y_{i+1}-y_i}{h_i^2}-\frac{4m_i+2m_{i+1}}{h_i}$$

即

$$\frac{m_{i-1}+2m_i}{h_{i-1}}+\frac{2m_i+m_{i+1}}{h_i} = 3\left(\frac{y_i-y_{i-1}}{h_{i-1}^2}+\frac{y_{i+1}-y_i}{h_i^2}\right)$$

令 $\alpha_i=\dfrac{h_{i-1}}{h_{i-1}+h_i}$，$\beta_i=3\left[(1-\alpha_i)\dfrac{y_i-y_{i-1}}{h_{i-1}}+\alpha\,\dfrac{y_{i+1}-y_i}{h_i}\right]$，上式变为

$$(1-\alpha_i)m_{i-1}+2m_i+\alpha_im_{i+1} = \beta_i(i=1, 2, \cdots, n-1)$$

将 $m_0=y_0'$，$m_n=y_n'$ 代入得到$n-1$ 元线性方程组

$$\begin{cases}2m_1+\alpha_1m_2 = \beta_1-(1-\alpha_1)y_0' \\ (1-\alpha_2)m_1+2m_2+\alpha_2m_3 = \beta_2 \\ \qquad\vdots \\ (1-\alpha_{n-2})m_{n-3}+2m_{n-2}+\alpha_{n-2}m_{n-1} = \beta_{n-2} \\ (1-\alpha_{n-1})m_{n-2}+2m_{n-1} = \beta_{n-1}-\alpha_{n-1}y_n'\end{cases} \tag{2.7}$$

方程组的系数矩阵

$$A=\begin{bmatrix}2 & \alpha_1 & & & \\ 1-\alpha_2 & 2 & \alpha_2 & & \\ & \ddots & \ddots & \ddots & \\ & & 1-\alpha_{n-2} & 2 & \alpha_{n-2} \\ & & & 1-\alpha_{n-1} & 2\end{bmatrix}$$

为三对角型，可用追赶法求解。

例 2.8　求适合下列数据的三次插值样条函数 $S_3(x)$。

x	1	2	4	5
y	8	24	32	16
y'	17			−19

解

$$h_0=x_1-x_0=1$$
$$h_1=x_2-x_1=2$$
$$h_2=x_3-x_2=1$$
$$\alpha_1=\frac{h_0}{h_0+h_1}=\frac{1}{3}$$
$$\alpha_2=\frac{h_1}{h_1+h_2}=\frac{2}{3}$$
$$\beta_1=3\left[(1-\alpha_1)\frac{y_1-y_0}{h_0}+\alpha_1\ \frac{y_2-y_1}{h_1}\right]=36$$
$$\beta_2=3\left[(1-\alpha_2)\frac{y_2-y_1}{h_1}+\alpha_2\ \frac{y_3-y_2}{h_2}\right]=-28$$

可得 m_1，m_2 的线性方程组

$$\begin{cases}2m_1+\dfrac{1}{3}m_2=\dfrac{74}{3}\\ \dfrac{1}{3}m_1+2m_2=-\dfrac{46}{3}\end{cases}$$

其解为 $m_1=14$，$m_2=-10$。

在区间[1，2]内，$S_3(1)=8$，$S_3(2)=24$，$S_3'(1)=17$，$S_3'(2)=14$，由埃尔米特插值公式可得

$$\begin{aligned}S_3(x)&=8\varphi_0(x-1)+24\varphi_1(x-1)+17\psi_0(x-1)+14\psi_1(x-1)\\&=-x^3+2x^2+14x-8\end{aligned}$$

同理，在区间[2，4]内可得

$$S_3(x)=-x^3+3x^2+14x-8$$

在区间[4，5]内可得

$$S_3(x)=3x^3-45x^2+206x-264$$

所以 $S_3(x)$在[1，5]上的表达式为

$$S_3(x)=\begin{cases}-x^3+3x^2+14x-8 & 1\leqslant x\leqslant 2\\ -x^3+3x^2+14x-8 & 2\leqslant x\leqslant 4\\ 3x^3-45x^2+206x-264 & 4\leqslant x\leqslant 5\end{cases}$$

2.7 曲线拟合的最小二乘法

在实际问题中，常要从一组观测数据$(x_i, y_i)(i=1, 2, \cdots, N)$预测函数$y=f(x)$的表达式，从几何角度来说，这个问题就是要由给定的一组数据点$(x_i, y_i)(i=1, 2, \cdots, N)$去描绘$y=f(x)$的近似图像。插值曲线要求严格通过所给定的每一个数据点，而(x_i, y_i)是由实验提供的，本身往往带有测试误差，所以拟合的目的是从一大堆杂乱无章的数据中找出反映规律的曲线。

2.7.1 直线拟合

假设给定的数据大致分布成一直线，构造拟合直线$y=a+bx$，我们并不要求其严格地通过所有的数据点(x_i, y_i)，而是希望它尽可能从所给数据点附近通过。设$\hat{y}_i=a+bx_i$ $(i=1, 2, \cdots, N)$表示按拟合直线$y=a+bx$求得的近似值，称两者之差$e_i=y_i-\hat{y}_i$为残差。残差的大小是衡量拟合好坏的重要标志，具体有以下三种衡量准则：

(1) 使残差的最大绝对值最小：$\min \max\limits_i |e_i|$。

(2) 使残差的绝对值之和最小：$\min \sum\limits_i |e_i|$。

(3) 使残差的平方和最小：$\min \sum\limits_i e_i^2$。

对于准则(1)和(2)，因含有绝对值，不便于应用，大多数文献未给出其解法。大都采用准则(3)，则直线拟合问题可归结为下列问题：

对于给定的数据点$(x_i, y_i)(i=1, 2, \cdots, N)$，求作一次式$y=a+bx$，使总误差$Q=\sum\limits_{i=1}^{N}[y_i-(a+bx_i)]^2$为最小。

由$\dfrac{\partial Q}{\partial a}=0$，$\dfrac{\partial Q}{\partial b}=0$得

$$\begin{cases} aN+b\sum x_i=\sum y_i \\ a\sum x_i+b\sum x_i^2=\sum x_i y_i \end{cases} \tag{2.8}$$

解得

$$\begin{cases} a=\bar{y}-b\bar{x} \\ b=\dfrac{n\sum x_i y_i-\sum x_i\sum y_i}{n\sum x_i^2-(\sum x_i)^2} \end{cases}$$

该种拟合方法称为直线拟合的最小二乘法。

例 2.9 已知数据如下：

x_k	1	2	3	4	5
y_k	4	4.5	6	8	8.5

求出其直线拟合方程。

解　列表如下：

k	x_k	y_k	x_k^2	$x_k y_k$
1	1	4	1	4
2	2	4.5	4	9
3	3	6	9	18
4	4	8	16	32
5	5	8.5	25	42.5
$\sum$	15	31	55	105.5

得线性方程组

$$\begin{cases} 5a + 15b = 31 \\ 15a + 55b = 105.5 \end{cases}$$

解得 $a=2.45$，$b=1.25$，故所求直线拟合方程为 $y=2.45+1.25x$。

2.7.2　多项式拟合

所谓多项式拟合，就是对于给定的一组数据$(x_i, y_i)(i=1, 2, \cdots, N)$，寻求 m 次多项式 $y=a_0+a_1x+\cdots+a_mx^m$，使总误差 $Q=\sum_{i=1}^{N}\left[y_i-\sum_{j=0}^{m}a_jx_i^j\right]^2$ 为最小。

由$\frac{\partial Q}{\partial a_k}=0$，$k=0, 1, \cdots, m$，得 $m+1$ 元线性方程组

$$\begin{cases} a_0 N + a_1 \sum x_i + \cdots + a_m \sum x_i^m = \sum y_i \\ a_0 \sum x_i + a_1 \sum x_i^2 + \cdots + a_m \sum x_i^{m+1} = \sum x_i y_i \\ \qquad \vdots \\ a_0 \sum x_i^m + a_1 \sum x_i^{m+1} + \cdots + a_m \sum x_i^{2m} = \sum x_i^m y_i \end{cases} \tag{2.9}$$

解得 $a_0, a_1, \cdots, a_m$。

2.7.3　一点注记

对于准则(1)和(2)，实质上也可以解。

对于准则(1)：使残差的最大绝对值最小，可设 $v=\max|e_i|$，则$|e_i|\leqslant v(i=1, 2, \cdots, N)$，即$|y_i-(a+bx_i)|\leqslant v$，展开得到

$$\begin{cases} a + bx_i + v \geqslant y_i \\ a + bx_i - v \leqslant y_i \end{cases} \quad (i = 1, 2, \cdots, N) \tag{2.10}$$

则准则(1)可转化为下列线性规划问题

$$\begin{aligned}
&\min v \\
&\text{s.t. } a+bx_i+v \geqslant y_i \quad (i=1,2,\cdots,N) \\
&\quad\ \ a+bx_i-v \leqslant y_i \quad (i=1,2,\cdots,N) \\
&\quad\ \ v \geqslant 0
\end{aligned} \tag{2.11}$$

上述是关于变量 v，a 和 b 的线性规划，可用单纯形方法求解。

对于准则(2)：使残差的绝对值之和为最小，可设

$$u_i=\begin{cases} y_i-(a+bx_i) & \text{for } y_i \geqslant a+bx_i \\ 0 & \text{for } y_i \geqslant a+bx_i \end{cases} \quad (i=1,2,\cdots,N)$$

$$v_i=\begin{cases} 0 & \text{for } y_i \geqslant a+bx_i \\ (a+bx_i)-y_i & \text{for } y_i \leqslant a+bx_i \end{cases} \quad (i=1,2,\cdots,N)$$

根据假设可以得到以下结论：

(1) $u_i \geqslant 0$，$v_i \geqslant 0$；

(2) $u_i-v_i=y_i-(a+bx_i)$；

(3) $|y_i-(a+bx_i)|=u_i+v_i$；

(4) $\sum_i |e_i| = \sum_i |y_i-(a+bx_i)| = \sum_i (u_i+v_i)$

则准则(2)问题可转化为下列线性规划问题：

$$\begin{aligned}
&\min \sum_i (u_i+v_i) \\
&\text{s.t. } a+bx_i+u_i-v_i=y_i \quad (i=1,2,\cdots,N) \\
&\quad\ \ u_i \geqslant 0,\ v_i \geqslant 0 \quad (i=1,2,\cdots,N)
\end{aligned} \tag{2.12}$$

上述问题是关于 $2N+2$ 个变量 a，b，u_i，$v_i(i=1,2,\cdots,N)$的线性规划，同样可用单纯形法求解。

例如，对例 2.9 中的问题，可使用准则(1)和准则(2)求解，过程如下：

(1) 使残差的最大绝对值为最小，线性规划问题为

$$\begin{aligned}
&\min v \\
&\text{s.t. } a+b+v \geqslant 4 \\
&\quad\ \ a+b-v \leqslant 4 \\
&\quad\ \ a+2b+v \geqslant 4.5 \\
&\quad\ \ a+2b-v \leqslant 4.5 \\
&\quad\ \ a+3b+v \geqslant 6 \\
&\quad\ \ a+3b-v \leqslant 6 \\
&\quad\ \ a+4b+v \geqslant 8 \\
&\quad\ \ a+4b-v \leqslant 8 \\
&\quad\ \ a+5b+v \geqslant 8.5 \\
&\quad\ \ a+5b-v \leqslant 8.5 \\
&\quad\ \ v \geqslant 0
\end{aligned} \tag{2.13}$$

解得 $a=2.250$，$b=1.333$，直线为 $y=2.250+1.333x$。

(2) 使残差的绝对值之和为最小，线性规划问题为

$$\min \sum_{i=1}^{5} (u_i + v_i)$$

$$\text{s.t.}\ \begin{aligned} a + b + u_1 - v_1 &= 4 \\ a + 2b + u_2 - v_2 &= 4.5 \\ a + 3b + u_3 - v_3 &= 6 \\ a + 4b + u_4 - v_4 &= 8 \\ a + 5b + u_5 - v_5 &= 8.5 \\ u_i \geqslant 0,\ v_i \geqslant 0 (i &= 1, 2, \cdots, 5) \end{aligned} \tag{2.14}$$

解得 $a=2.875$，$b=1.125$，直线为 $y=2.875+1.125x$。

三种准则的结果如图 2-3 所示。

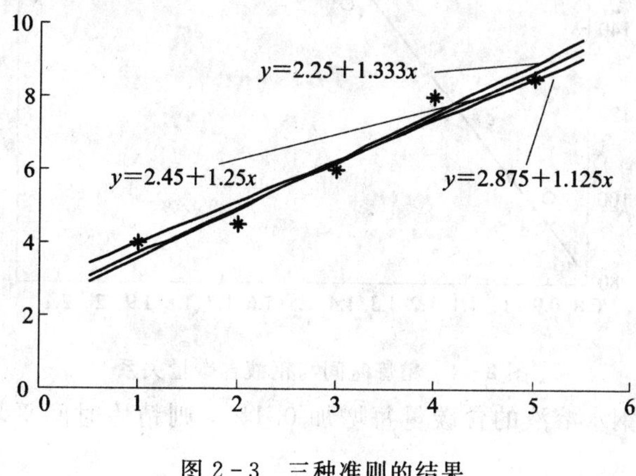

图 2-3　三种准则的结果

2.8　实例——冶炼钢中含碳量与时间模型

炼钢是个氧化脱碳的过程，钢液含碳量的多少直接影响冶炼时间的长短。表 2-1 列出了某钢铁厂 10 个炉次钢液的含碳量和精炼时间。

表 2-1　某钢铁厂 10 个炉次钢液含碳量和精炼时间

炉次	1	2	3	4	5	6	7	8	9	10
含碳量 $x/(\%)$	0.9	1.0	1.2	1.4	1.5	1.6	1.7	1.8	1.9	2.0
冶炼时间 y/分	100	105	130	145	170	175	190	190	220	235

把表 2-1 中数据画在坐标纸上，数据点分布可以用一条直线近似描述，如图 2-4 所示，设拟合直线为 $y=a+bx$，方程组的具体形式为

$$\begin{cases} 10a + 15b = 1660 \\ 15a + 23.76b = 2642 \end{cases}$$

解得 $a=-14.9525$，$b=120.635$。所求拟合直线方程为 $y=-14.9525+120.635x$。

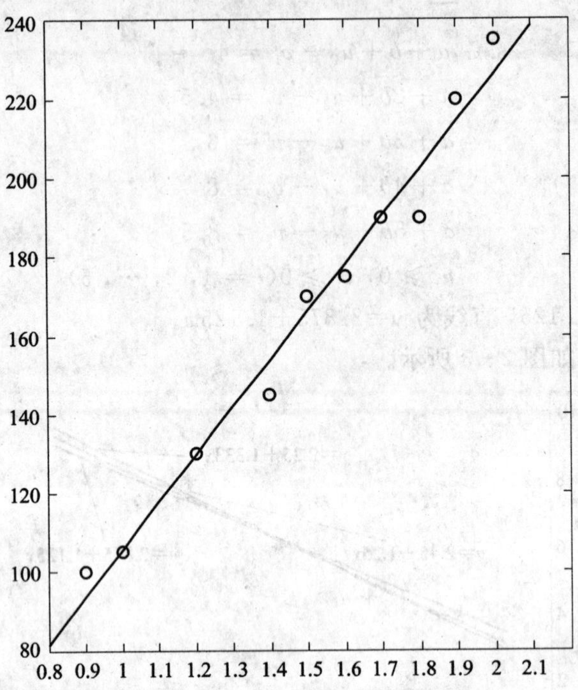

图 2-4 精炼时间与钢液含碳量关系

计算结果表明，钢水溶液的含碳量每增加 0.1%，则精炼时间平均大约要延长 12.06 分钟。

根据回归方程，可以给出自变量的任一数值估计或预测因变量的平均可能值。例如，含碳量 2.2%所需的精炼时间为

$$-14.9525+120.635\times 2.2=250.4445(\text{分})$$

习题二

一、填空题

(1) 设 x_0，x_1，…，x_n 为两两互异的节点，$l_j(x)$为 n 次拉格朗日基本插值多项式，则 $\sum_{j=0}^{n} x_j^4 l_j(3) =$ ________。

(2) 已知 $f(x)=5x^5+7x^4+6x^2+9$，则差商 $f(2^0, 2^1, \cdots, 2^5)=$ ________，$f(2^0, 2^1, \cdots, 2^6)=$ ________。

(3) $s(x)=\begin{cases} x^3 & 0\leqslant x\leqslant 1 \\ \frac{1}{2}(x-1)^3+a(x-1)^2+b(x-1)+1 & 1\leqslant x\leqslant 3 \end{cases}$，若 $s(x)$是[0, 3]上以 0、1、3 为节点的三次样条函数，则 $a=$ ________，$b=$ ________。

二、选择题

(1) 设 $p(x)$ 为满足插值条件 $p(x_i)$(x_i 互异，$i=0, 1, \cdots, n$)的插值多项式，则 $p(x)$ 的次数是(　　)。

A. 大于 n　　B. 小于 n　　C. 等于 n　　D. 不超过 n

(2) 设 $p(x)$，$N(x)$ 是 $f(x)$ 满足同一插值条件的 n 次拉格朗日、牛顿插值多项式，它们的插值余项分别为 $r(x)$、$R(x)$，则(　　)。

A. $p(x)=N(x)$，$r(x)=R(x)$　　B. $p(x)=N(x)$，$r(x)\neq R(x)$

C. $p(x)\neq N(x)$，$r(x)=R(x)$　　D. $p(x)\neq N(x)$，$r(x)\neq R(x)$

(3) 已知 $f(x)=8x^8+7x^6+2x^3+9$，则差商 $f(1, 2, 3, 4, 5, 6, 7, 8, 9)$ 为(　　)。

A. 7　　B. 8　　C. 0　　D. 1

(4) 若 $h_i(x)$ 是 n 次多项式且 $h_i(x)=\begin{cases}0 & i\neq j\\ 1 & i=j\end{cases}$，节点 x_i 互异，$i=0, 1, \cdots, n$，则 $\sum_{i=0}^{n} h_i(x)$ 的值是(　　)。

A. 0　　B. n　　C. 1　　D. $n+1$

(5) 设 $f(x)=\dfrac{1}{a-x}$，x_0，x_1，x_2 是异于 a 的三个互异节点，则 $f[x_0, x_1, x_2]=$(　　)。

A. $\dfrac{1}{a-x_0}$　　B. $\dfrac{1}{(a-x_0)(a-x_1)(a-x_2)}$

C. $\dfrac{1}{(x_2-x_0)(x_2-x_1)(x_1-x_0)}$　　D. $\dfrac{1}{(x_0-a)(x_1-a)(x_2-a)}$

(6) 已知函数值 $f(0)=1$，$f(1)=0.5$，$f(2)=0.2$，则 $f(x)$ 的分段线性插值函数 $P(x)=$(　　)。

A. $\begin{cases}1-0.5x^2 & x\in[0, 1]\\ 0.8-0.3x & x\in[1, 2]\end{cases}$　　B. $\begin{cases}1-0.5x & x\in[0, 1]\\ 0.5-0.3x & x\in[1, 2]\end{cases}$

C. $\begin{cases}1-x & x\in[0, 1]\\ 0.8-0.3x & x\in[1, 2]\end{cases}$　　D. $\begin{cases}1-0.5x & x\in[0, 1]\\ 0.8-0.3x & x\in[1, 2]\end{cases}$

(7) 已知数值点(0, 0)，(1, −2)，(4, −8)，过这三个点的三次样条插值函数是 $S(x)=$(　　)。

A. $\begin{cases}\dfrac{9}{4}x^3-\dfrac{27}{4}x^2+\dfrac{5}{2}x+1 & x\in[0, 1]\\ \dfrac{1}{4}x^3-\dfrac{3}{4}x^2-\dfrac{7}{2}x+2 & x\in[1, 4]\end{cases}$　　B. $\begin{cases}\dfrac{9}{4}x^3-\dfrac{27}{4}x^2+\dfrac{5}{2}x & x\in[0, 1]\\ \dfrac{1}{4}x^3-\dfrac{3}{4}x^2-\dfrac{7}{2}x+2 & x\in[1, 4]\end{cases}$

C. $\begin{cases}\dfrac{9}{4}x^3-\dfrac{27}{4}x^2+\dfrac{5}{2}x & x\in[0, 1]\\ \dfrac{1}{4}x^3-\dfrac{3}{4}x^2-2 & x\in[1, 4]\end{cases}$　　D. $\begin{cases}\dfrac{9}{4}x^3+\dfrac{27}{4}x^2+\dfrac{5}{2}x & x\in[0, 1]\\ \dfrac{1}{4}x^3-\dfrac{3}{4}x^2-\dfrac{7}{2}x+2 & x\in[1, 4]\end{cases}$

三、计算题

(1) 设 $f(x)=x^4$，试利用拉格朗日插值余项定理写出以 −1、0、1、2 为插值节点的三次插值多项式。

(2) 构造适合下列数据表的三次插值样条 $S(x)$：

x	-1	0	1	3
y	-1	1	3	5
y'	6			1

(3) 已知

x_i	0	1	2	3	4
y_i	3	6	11	18	27

试求牛顿插值多项式。

(4) 已知 $f(x)=\ln x$ 的数据表：

x	0.4	0.5	0.6	0.7	0.8	0.9
$\ln x$	$-0.916\ 291$	$-0.693\ 147$	$-0.510\ 826$	$-0.356\ 675$	$-0.223\ 144$	$-0.105\ 361$

试用线性插值及二次插值计算 ln0.54 的近似值。

(5) 试用直线拟合下列数据：

x_i	-2	-1	0	1	2
y_i	0	0.2	0.5	0.8	1

(6) 下表列出了某钢铁厂 5 个炉次钢液含碳量和精炼时间：

炉次	1	2	3	4	5
含碳量 x/(%)	165	123	150	123	141
冶炼时间 y/分	187	126	172	125	148

试用直线拟合精炼时间与钢液含碳量的关系。

四、证明题

设 x_j, $j=0, 1, 2, \cdots, n$ 为互异节点，求证：

(1) $\sum\limits_{j=0}^{n} x_j^k l_j(x) \equiv x^k (k=0, 1, \cdots, n)$；

(2) $\sum\limits_{j=0}^{n} (x_j - x)^k l_j(x) \equiv 0 (k=0, 1, \cdots, n)$。

第3章　数值积分

教学目标　掌握数值积分的机械求积思想，掌握代数精度的概念，侧重求积公式的推导；熟悉牛顿-柯特斯公式以及龙贝格算法、高斯公式；了解数值微分的概念及简单计算。

实际问题中常常需要计算积分，有些数值方法(微分方程、积分方程的求解)也都和积分计算相联系。数值积分是计算数学的一个重要内容，也是插值的一个直接应用。

对于定积分 $I=\int_a^b f(x)\mathrm{d}x$，只要找到原函数 $F(x)$ 使 $F'(x)=f(x)$，即可使用牛顿-莱布尼兹公式来求解，即

$$I=\int_a^b f(x)\mathrm{d}x=F(b)-F(a)$$

但在实际应用中会遇到下列三种情况：

(1) $f(x)$的原函数不能用初等函数的形式表示，如 $\int\frac{\sin x}{x}\mathrm{d}x$，$\int \mathrm{e}^{-x^2}\mathrm{d}x$，$\int \sin x^2\mathrm{d}x$；

(2) 函数 $f(x)$是用函数表或图形给出的；

(3) 虽然 $f(x)$的原函数能用初等函数表示，但表达式过于复杂，与其用复杂的原函数精确求值，还不如用近似的数值方法求值更好一些。

因此有必要研究积分的数值计算问题。

3.1　机械求积

3.1.1　数值求积的基本思想

积分值在几何上可解释为由 $x=a$，$x=b$，$y=0$，$y=f(x)$所围成的曲边梯形的面积。依据积分中值定理，对于连续 $f(x)$，在$[a, b]$内存在一点 ξ，使

$$\int_a^b f(x)\mathrm{d}x=(b-a)f(\xi)$$

也就是说，曲边梯形的面积 I 恰等于底为 $b-a$，高为 $f(\xi)$的矩形面积。问题在于 ξ 的具体位置一般不知道，难以计算出 $f(\xi)$的值。$f(\xi)$称为区间$[a, b]$上的平均高度。只要对平均

高度 $f(\xi)$提供一种算法，相应地便获得一种数值求积方法。

一个方法是用$\frac{1}{2}[f(a)+f(b)]$近似 $f(\xi)$，可得

$$\int_a^b f(x)\mathrm{d}x \approx \frac{b-a}{2}[f(a)+f(b)] \tag{3.1}$$

该公式称为梯形公式。

若用 $f\left(\frac{a+b}{2}\right)$近似 $f(\xi)$，可得

$$\int_a^b f(x)\mathrm{d}x \approx (b-a)f\left(\frac{b-a}{2}\right) \tag{3.2}$$

该公式称为中矩形公式。

若用$\frac{1}{6}\left[f(a)+4f\left(\frac{a+b}{2}\right)+f(b)\right]$近似 $f(\xi)$，可得

$$\int_a^b f(x)\mathrm{d}x \approx \frac{b-a}{6}\left[f(a)+4f\left(\frac{a+b}{2}\right)+f(b)\right] \tag{3.3}$$

该公式称为辛甫生公式。

更一般地，取$[a, b]$内若干节点 x_k 的高度 $f(x_k)$，通过加权平均的方法近似得出平均高度 $f(\xi)$，这类求积公式的一般形式是

$$\int_a^b f(x)\mathrm{d}x \approx \sum_{k=0}^{n} A_k f(x_k)$$

式中，x_k 称为求积节点，A_k 称为求积系数(亦称为伴随节点 x_k 的权)，其仅仅与 x_k 的选取有关，与 $f(x_k)$无关。这类利用节点上的函数值计算积分值的方法称作机械求积法，积分求积归结为函数值的计算。

3.1.2 代数精度的概念

如果求积公式$\int_a^b f(x)\mathrm{d}x \approx \sum_{k=0}^{n} A_k f(x_k)$对于一切次数小于等于 m 的代数多项式都准确成立，但对于 $m+1$ 次代数多项式不能准确成立，则称该求积公式具有 m 次代数精确度。或者说对于 $x^k(k=0, 1, \cdots, m)$均能准确成立，但对于 x^{m+1}不准确，则称它具有 m 次代数精确度。

可以验证，梯形公式和中矩形公式具有 1 次代数精度，而辛甫生公式具有 3 次代数精度。

例 3.1 验证梯形公式$\int_a^b f(x)\mathrm{d}xf(x)\mathrm{d}x \approx \frac{b-a}{2}[f(a)+f(b)]$代数精度为 1 次。

证 令 $f(x)=1$ 时，左边$=b-a$，右边$=\frac{b-a}{2}\times 2=b-a$，等式准确成立；令 $f(x)=x$ 时，左边$=\frac{1}{2}(b^2-a^2)$，右边$=\frac{b-a}{2}\times(a+b)=\frac{1}{2}(b^2-a^2)$，等式准确成立；令 $f(x)=x^2$ 时，左边$=\frac{1}{3}(b^3-a^3)$，右边$=\frac{b-a}{2}\times(a^2+b^2)$，等式不成立。所以梯形公式代数精度为 1 次。

也可以代数精度作为标准构造求积公式。

例 3.2　确定求积公式 $\int_a^b f(x)\mathrm{d}x = A_0 f(a) + A_1 f(b)$ 中的待定参数 A_0，A_1。

解　令它对 $f(x)=1$，x 准确成立，得

$$\begin{cases} A_0 + A_1 = b - a \\ A_0 a + A_1 b = \dfrac{1}{2}(b^2 - a^2) \end{cases}$$

解得

$$A_0 = \frac{1}{2}(b-a)$$

$$A_1 = \frac{1}{2}(b-a)$$

一般地说，对于给定的一组求积节点 $x_k(k=0, 1, \cdots, n)$，可以确定相应的求积系数 A_k，使求积公式 $\int_a^b f(x)\mathrm{d}x \approx \sum_{k=0}^{n} A_k f(x_k)$ 至少有 n 次代数精度。

令它对 $f(x)=1$，x，…，x^n 准确成立，得

$$\begin{cases} A_0 + A_1 + \cdots + A_n = b - a \\ A_0 x_0 + A_1 x_1 + \cdots + A_n x_n = \dfrac{1}{2}(b^2 - a^2) \\ \quad\vdots \\ A_0 x_0^n + A_1 x_1^n + \cdots + A_n x_n^n = \dfrac{1}{n+1}(b^{n+1} - a^{n+1}) \end{cases}$$

解方程组，可得到 A_0，A_1，…，A_n。

3.1.3　插值型的求积公式

设已给出 $f(x)$在节点 $x_k(k=0, 1, \cdots, n)$的函数值，作插值多项式

$$P_n(x) = \sum_{k=0}^{n} f(x_k) l_k(x)$$

其中

$$\begin{aligned} l_k(x) &= \frac{(x-x_0)(x-x_1)\cdots(x-x_{k-1})(x-x_{k+1})\cdots(x-x_n)}{(x_k-x_0)(x_k-x_1)\cdots(x_k-x_{k-1})(x_k-x_{k+1})\cdots(x_k-x_n)} \\ &= \prod_{\substack{j=0 \\ j\neq k}}^{n} \frac{x-x_j}{x_k-x_j} \end{aligned}$$

则

$$\begin{aligned} \int_a^b f(x)\mathrm{d}x \approx \int_a^b P_n(x)\mathrm{d}x &= \int_a^b \sum_{k=0}^{n} f(x_k) l_k(x)\mathrm{d}x \\ &= \sum_{k=0}^{n} f(x_k) \cdot \int_a^b l_k(x)\mathrm{d}x \end{aligned}$$

所以

$$A_k = \int_a^b l_k(x)\mathrm{d}x$$

对于任意次数小于等于 n 的多项式 $f(x)$，其插值多项式 $P_n(x)$就是它自身，因而插值

型的求积公式至少有 n 次代数精度。

如果求积公式至少有 n 次代数精度，即

$$\int_a^b f(x)\mathrm{d}x \approx \sum_{k=0}^{n} A_k f(x_k)$$

有 n 次代数精度，$l_k(x)$是 n 次多项式，则它对 $l_k(x)$是准确成立的，即

$$\begin{aligned}\int_a^b l_k(x)\mathrm{d}x &= \sum_{k=0}^{n} A_k l_k(x_k)\\ &= A_0 l_k(x_0) + A_1 l_k(x_1) + \cdots + A_n l_k(x_n)\\ &= A_k l_k(x_k) = A_k\end{aligned}$$

可见至少有 n 次代数精度的求积公式，必为插值型的。

定理 3.1 公式 $\int_a^b f(x)\mathrm{d}x \approx \sum_{k=0}^{n} A_k f(x_k)$ 至少有 n 次代数精度的充要条件是它是插值型的。

至此，求积节点 x_k 已被给出，求积系数 A_k 的确定有两条可供选择的途径：

(1) 通过代数精度构造方程组；

(2) 计算积分 $A_k = \int_a^b l_k(x)\mathrm{d}x$。

例 3.3 设有求积公式 $\int_{-1}^{1} f(x)\mathrm{d}x = A_0 f(-1) + A_1 f(0) + A_2 f(1)$，试确定常数 A_0，A_1，A_2，使上式求积公式代数精度尽可能高，并指出所具有的代数精度。

解法Ⅰ 令 $f(x)=1$，x，x^2 使上式求积公式精确成立，得

$$\begin{cases} A_0 + A_1 + A_2 = 2 \\ -A_0 + A_2 = 0 \\ A_0 + A_2 = \dfrac{2}{3} \end{cases}$$

解得 $A_0=\frac{1}{3}$，$A_1=\frac{4}{3}$，$A_2=\frac{1}{3}$。

该求积公式为

$$\int_{-1}^{1} f(x)\mathrm{d}x = \frac{1}{3}f(-1) + \frac{4}{3}f(0) + \frac{1}{3}f(1)$$

将 $f(x)=x^3$ 代入求积公式两边，左右两边相等，公式准确成立。

将 $f(x)=x^4$ 代入求积公式两边，左边$=\frac{2}{5}$，右边$=\frac{2}{3}$，左边$\neq$右边。

故代数精度为 3 次。

解法Ⅱ $x_0=-1$，$x_1=0$，$x_2=1$

$$l_0(x) = \frac{(x-x_1)(x-x_2)}{(x_0-x_1)(x_0-x_2)} = \frac{x(x-1)}{-1\times(-2)} = \frac{1}{2}x^2 - \frac{1}{2}x$$

$$l_1(x) = \frac{(x-x_0)(x-x_2)}{(x_1-x_0)(x_1-x_2)} = \frac{(x+1)(x-1)}{1\times(-1)} = 1 - x^2$$

$$l_2(x) = \frac{(x-x_0)(x-x_1)}{(x_2-x_0)(x_2-x_1)} = \frac{(x+1)x}{2\times 1} = \frac{1}{2}x^2 + \frac{1}{2}x$$

$$A_0 = \int_{-1}^{1} \left(\frac{1}{2}x^2 - \frac{1}{2}x\right) dx = \frac{1}{3}$$

$$A_1 = \int_{-1}^{1} (1 - x^2) dx = \frac{4}{3}$$

$$A_2 = \int_{-1}^{1} \left(\frac{1}{2}x^2 + \frac{1}{2}x\right) dx = \frac{1}{3}$$

可以验证该公式对 $f(x)=1$，x，x^2，x^3 准确成立，对 $f(x)=x^4$ 不准确，故代数精度为 3 次。

3.2 牛顿-柯特斯公式

一般 x_0，x_1，…，x_n 不是等距节点，为了使求积公式的形式简单，下面讨论等距节点下的插值型求积公式。

3.2.1 公式的导出

将$[a, b]n$ 等分，步长 $h=\frac{b-a}{n}$，选取 $x_k=a+kh(k=0, 1, \cdots, n)$，构造出插值型求积公式

$$I_n = (b-a)\sum_{k=0}^{n} C_k f(x_k)$$

其中

$$\begin{aligned} C_k &= \frac{1}{b-a}\int_a^b l_k(x) dx \\ &= \frac{(-1)^{n-k}}{nk!(n-k)!}\int_0^n \prod_{\substack{j=0 \\ j\neq k}}^{n} (t-j) dt \qquad (k=0, 1, \cdots, n) \end{aligned}$$

下面是几个常用特例：

当 $n=1$ 时

$$C_0 = \frac{(-1)^1}{1\times 0!\times 1!}\int_0^1 (t-1)\ dt = \frac{1}{2}$$

$$C_1 = \frac{(-1)^0}{1\times 1!\times 0!}\int_0^1 t\ dt = \frac{1}{2}$$

就是梯形公式

$$T \approx \frac{b-a}{2}[f(a)+f(b)]$$

当 $n=2$ 时

$$C_0 = \frac{(-1)^2}{2\times 0!\times 2!}\int_0^2 (t-1)(t-2) dt = \frac{1}{6}$$

$$C_1 = \frac{(-1)^1}{2\times 1!\times 1!}\int_0^2 (t-0)(t-2) dt = \frac{2}{3}$$

$$C_2 = \frac{(-1)^0}{2\times 2!\times 0!}\int_0^2 (t-0)(t-1) dt = \frac{1}{6}$$

就是辛甫生公式

$$S \approx \frac{b-a}{6}\left[f(a)+4f\left(\frac{a+b}{2}\right)+f(b)\right]$$

当 $n=4$ 时，称为柯特斯公式，即

$$C=\frac{b-a}{90}[7f(x_0)+32f(x_1)+12f(x_2)+32f(x_3)+7f(x_4)]$$

其中

$$x_k=a+kh(k=0,1,\cdots,4),\ h=\frac{b-a}{4}$$

下面给出 $n=1\sim5$ 的牛顿-柯特斯系数表，如表 3-1 所示。

表 3-1 牛顿-柯特斯系数表

n	C_k					
1	$\frac{1}{2}$	$\frac{1}{2}$				
2	$\frac{1}{6}$	$\frac{1}{3}$	$\frac{1}{6}$			
3	$\frac{1}{8}$	$\frac{3}{8}$	$\frac{3}{8}$	$\frac{1}{8}$		
4	$\frac{7}{90}$	$\frac{16}{45}$	$\frac{2}{15}$	$\frac{16}{45}$	$\frac{7}{90}$	
5	$\frac{19}{288}$	$\frac{25}{96}$	$\frac{25}{144}$	$\frac{25}{144}$	$\frac{25}{96}$	$\frac{19}{288}$

在一系列牛顿-柯特斯公式中，高阶公式由于稳定性差而不宜采用，有实用价值的仅仅是几种低阶的求积公式。

3.2.2 几种低阶求积公式的代数精度

例 3.4 计算积分 $I=\int_0^1 \frac{\sin x}{x}dx$（精确值为 0.946 083 1）

解 $n=1$，$I_1=\frac{1}{2}\left(1+\frac{\sin 1}{1}\right)=0.927\,035\,4$， 有 1 位有效数字；

$n=2$，$I_2=\frac{1}{6}\left(1+\frac{4\sin\frac{1}{2}}{\frac{1}{2}}+\sin 1\right)=0.946\,145\,9$， 有 3 位有效数字；

$n=3$，$I_3=0.946\,110\,9$， 有 4 位有效数字；

$n=4$，$I_4=0.946\,083\,0$， 有 6 位有效数字；

$n=5$，$I_5=0.946\,083\,0$， 有 6 位有效数。

从上面结果可看出，二阶和三阶公式精度相当，四阶和五阶公式精度相当，易得下面结论：

定理 3.2 对于牛顿-柯特斯公式 $\int_a^b f(x)\mathrm{d}x \approx (b-a)\sum_{k=0}^{n} C_k f(x_k)$，当 n 为奇数时，至少有 n 次代数精度；当 n 为偶数时，至少有 $n+1$ 次代数精度。

因此在应用牛顿-柯特斯公式时，为了既保证精度，又能节省时间，应尽量选用 n 为偶数的求积公式，常用的是梯形公式、辛甫生公式和柯特斯公式($n=4$)。

3.2.3 几种低阶求积公式的余项

可以计算出梯形公式的余项为

$$R_T = I - T = -\frac{(b-a)^3}{12}f''(\xi),\ \xi \in [a,\ b]$$

辛甫生公式的余项为

$$R_S = I - S = -\frac{(b-a)^5}{2880}f^{(4)}(\xi),\ \xi \in [a,\ b]$$

柯特斯公式的余项为

$$R_C = I - C = -\frac{2(b-a)}{945}\left(\frac{b-a}{4}\right)^6 f^{(6)}(\xi),\ \xi \in [a,\ b]$$

3.2.4 复化求积法

在使用牛顿-柯特斯公式时，通过提高阶的途径并不能取得满意的效果。为改善求积公式的精度，可以采用复化求积。

将区间$[a,\ b]$划分 n 等分，步长 $h=\dfrac{b-a}{n}$，选取 $x_k=a+kh(k=0,\ 1,\ \cdots,\ n)$，所谓复化求积法，就是用低阶的求积公式求得每个子段$[x_k,\ x_{k+1}]$上的积分 I_k，然后累加求和，用 $\sum_{k=0}^{n} I_k$ 作为积分 I 的近似值。如复化梯形公式为

$$\begin{aligned} T_n &= \frac{h}{2}[f(x_0)+f(x_1)+f(x_1)+f(x_2)+\cdots+f(x_{n-1})+f(x_n)] \\ &= \frac{h}{2}\left[f(a)+2\sum_{k=1}^{n-1}f(x_k)+f(b)\right] \end{aligned}$$

复化辛甫生公式(记$[x_k,\ x_{k+1}]$的中点为 $x_{k+\frac{1}{2}}$)

$$\begin{aligned} S_n &= \sum_{k=0}^{n-1}\frac{h}{6}[f(x_k)+4f(x_{k+\frac{1}{2}})+f(x_{k+1})] \\ &= \frac{h}{6}\left[f(a)+4\sum_{k=0}^{n-1}f(x_{k+\frac{1}{2}})+2\sum_{k=1}^{n-1}f(x_k)+f(b)\right] \end{aligned}$$

复化辛甫生算法框图如图 3-1 所示。

复化柯特斯公式为(将$[x_k,\ x_{k+1}]$四等分，等分节点记为 $x_{k+\frac{1}{4}}$，$x_{k+\frac{1}{2}}$，$x_{k+\frac{3}{4}}$)

$$\begin{aligned} C_n = \frac{h}{90}\Big[&7f(a)+32\sum_{k=0}^{n-1}f(x_{k+\frac{1}{4}})+12\sum_{k=0}^{n-1}f(x_{k+\frac{1}{2}})+32\sum_{k=0}^{n-1}f(x_{k+\frac{3}{4}}) \\ &+12\sum_{k=1}^{n-1}f(x_k)+7f(b)\Big] \end{aligned}$$

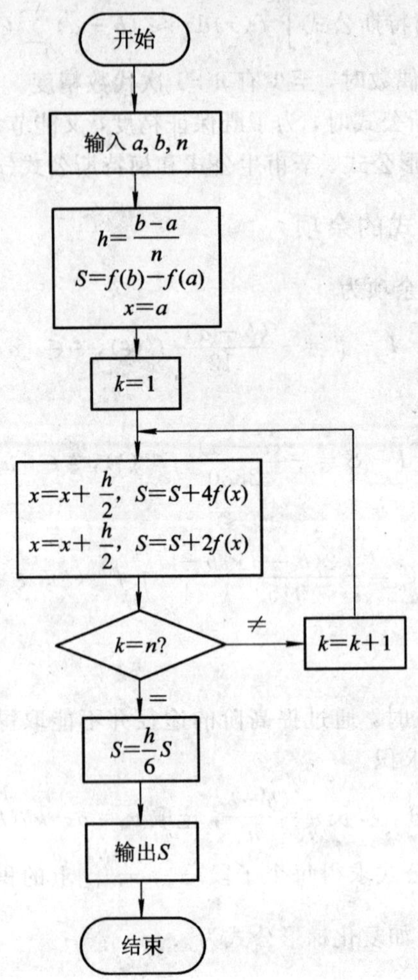

图 3-1　复化辛甫生算法框图

它们的误差分别为

$$I-T_n\approx\frac{h^2}{12}[f'(b)-f'(a)]$$

$$I-S_n\approx-\frac{1}{180}\left(\frac{h}{2}\right)^4[f^{(3)}(b)-f^{(3)}(a)]$$

$$I-C_n\approx-\frac{2}{945}\left(\frac{h}{4}\right)^6[f^{(5)}(b)-f^{(5)}(a)]$$

例 3.5　分别用复化梯形公式和复化辛甫生公式计算积分 $I=\int_0^1\frac{\sin x}{x}\mathrm{d}x$。

解　复化梯形公式，$n=8$，$h=\frac{1}{8}$，$x_0=0$，$x_1=\frac{1}{8}$，$x_2=\frac{2}{8}$，…，$x_7=\frac{7}{8}$，$x_8=1$

$$T_8=\frac{1}{2}\times\frac{1}{8}\left[f(0)+2f\left(\frac{1}{8}\right)+\cdots+2f\left(\frac{7}{8}\right)+f(1)\right]=0.945\ 690\ 9$$

有 3 位有效数字。

复化辛甫生公式，$n=4$，$h=\frac{1}{4}$，$x_0=0$，$x_1=\frac{1}{4}$，$x_2=\frac{1}{2}$，$x_3=\frac{3}{4}$，$x_4=1$，$x_{\frac{1}{2}}=\frac{1}{8}$，$x_{\frac{3}{2}}=\frac{3}{8}$，$x_{\frac{5}{2}}=\frac{5}{8}$，$x_{\frac{7}{2}}=\frac{7}{8}$

$$\begin{aligned}S_4 &= \frac{1}{4}\times\frac{1}{6}\left[f(0)+4f\left(\frac{1}{8}\right)+4f\left(\frac{3}{8}\right)+4f\left(\frac{5}{8}\right)+4f\left(\frac{7}{8}\right)\right.\\&\qquad\left.+2f\left(\frac{1}{4}\right)+2f\left(\frac{2}{4}\right)+2f\left(\frac{3}{4}\right)+f(1)\right]\\&= 0.946\ 083\ 2\end{aligned}$$

有6位有效数字。

两种方法都需9个点上的函数值，工作量相同，而精度差别很大，复化辛甫生公式是最常用的方法。

3.3 龙贝格算法

复化求积法对提高精度是行之有效的，但在使用求积公式之前必须先给出步长，步长取得太大精度难以保证，步长太小则会导致计算量的浪费，而事先给出一个合适的步长往往是困难的。实际计算中常常采用变步长的计算方案，即在步长逐次分半(二分)过程中，反复利用复化求积公式计算，直到所求的积分值满足精度要求为止。

3.3.1 梯形法的递推化

将区间$[a, b]$划分n等分，步长$h=\frac{b-a}{n}$，选取$x_k=a+kh(k=0, 1, \cdots, n)$，在$[x_k, x_{k+1}]$子段中，记$x_{k+\frac{1}{2}}=\frac{1}{2}(x_k+x_{k+1})$，对该小区间的计算过程如下：

二分前

$$T_1=\frac{h}{2}[f(x_k)+f(x_{k+1})]$$

二分后

$$\begin{aligned}T_2 &= \frac{h}{4}[f(k_k)+f(x_{k+\frac{1}{2}})]+\frac{h}{4}[f(x_{k+\frac{1}{2}})+f(x_{k+1})]\\&= \frac{1}{2}T_1+\frac{h}{2}f(x_{k+\frac{1}{2}})\end{aligned}$$

对k从$0\sim(n-1)$累加求和，得到

$$T_{2n}=\frac{1}{2}T_n+\frac{h}{2}\sum_{k=0}^{n-1}f(x_{k+\frac{1}{2}})$$

这里$h=\frac{b-a}{n}$，$x_{k+\frac{1}{2}}=a+\left(k+\frac{1}{2}\right)h$。当$|T_n-T_{2n}|<\varepsilon$时，停止计算积分。变步长积分框图如图3-2所示。

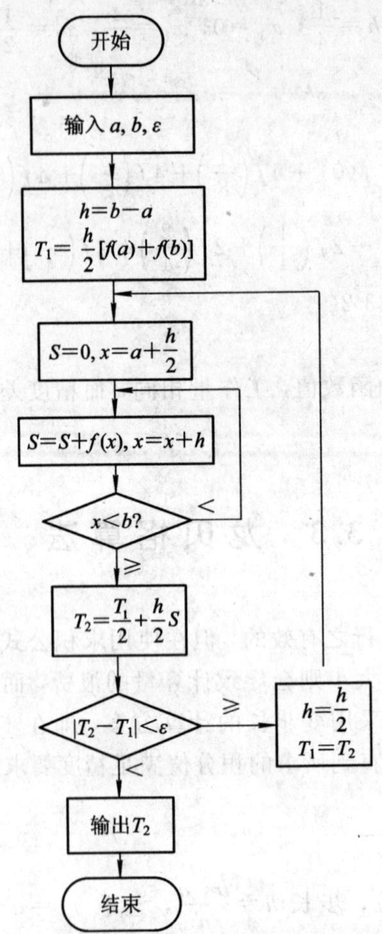

图 3-2 变步长积分框图

例 3.6 用变步长计算积分 $I=\int_0^1 \frac{\sin x}{x}\mathrm{d}x$。

解 $n=1,\ T_1=\frac{1}{2}[f(0)+f(1)]=0.920\,735\,5,\ h=1$

将区间二分

$$T_2=\frac{1}{2}T_1+\frac{1}{2}f\left(\frac{1}{2}\right)=0.939\,793\,3,\ h=\frac{1}{2}$$

再二分

$$T_4=\frac{1}{2}T_2+\frac{1}{4}\left[f\left(\frac{1}{4}\right)+f\left(\frac{3}{4}\right)\right]=0.944\,513\,5,\ h=\frac{1}{4}$$

以此类推，得 $T_{10}=0.946\,083\,1$。

3.3.2 龙贝格算法

梯形法的算法简单，但精度低，收敛速度缓慢，如何提高收敛速度以节省计算量是我们最关心的问题。龙贝格算法就是一种加速算法。

复化梯形公式余项为

$$I-T_n\approx\frac{h^2}{12}[f'(b)-f'(a)]$$

其大小与 h^2 成正比，因此步长二分后，误差将减至1/4，则有

$$\frac{I-T_{2n}}{I-T_n}\approx\frac{1}{4}\quad 即\quad I\approx\frac{4}{3}T_{2n}-\frac{1}{3}T_n$$

若用 $\overline{T}=\frac{4}{3}T_{2n}-\frac{1}{3}T_n$ 作为 I 的近似值，则

$$\begin{aligned}\overline{T}&=\frac{4}{3}T_{2n}-\frac{1}{3}T_n=\frac{4}{3}+\left[\frac{1}{2}T_n+\frac{h}{2}\sum_{k=0}^{n-1}f(x_{k+\frac{1}{2}})\right]-\frac{1}{3}T_n\\&=\frac{1}{3}T_n+\frac{2}{3}h\sum_{k=0}^{n-1}f(x_{k+\frac{1}{2}})\\&=\frac{1}{3}\,\frac{h}{2}\left[f(a)+2\sum_{k=1}^{n-1}f(x_k)+f(b)\right]+\frac{2}{3}h\sum_{k=0}^{n-1}f(x_{k+\frac{1}{2}})\\&=\frac{h}{6}\left[f(a)+2\sum_{k=1}^{n-1}f(x_k)+4\sum_{k=0}^{n-1}f(x_{k+\frac{1}{2}})+f(b)\right]=S_n\end{aligned}$$

也就是说，用复化梯形法二分前后两个积分值 T_n、T_{2n} 的线性组合后，可得到复化辛甫生积分值 S_n，即

$$S_n=\frac{4}{3}T_{2n}-\frac{1}{3}T_n\tag{3.4}$$

复化辛甫生误差公式为

$$I-S_n\approx-\frac{1}{180}\left(\frac{h}{2}\right)^4[f^{(3)}(b)-f^{(3)}(a)]$$

与 h^4 成正比，则有

$$\frac{I-S_{2n}}{I-S_n}\approx\frac{1}{6}$$

即

$$I\approx\frac{16}{15}S_{2n}-\frac{1}{15}S_n$$

类似可以验证

$$C_n=\frac{16}{15}S_{2n}-\frac{1}{15}S_n\tag{3.5}$$

为复化柯特斯公式。

复化柯特斯公式误差与 h^6 成正比，则有

$$\frac{I-C_{2n}}{I-C_n}\approx\left(\frac{1}{2}\right)^6$$

即

$$I\approx\frac{64}{63}C_{2n}-\frac{1}{63}C_n$$

记

$$R_n=\frac{64}{63}C_{2n}-\frac{1}{63}C_n\tag{3.6}$$

该式已经不属于牛顿-柯特斯公式形式。

在步长二分的过程中运用式(3.4)、式(3.5)和式(3.6)即可将粗糙的积分值 T_n 逐步加工成精度较高的龙贝格值 R_n，这种加速方法称为龙贝格算法，流程如图 3-3 所示。

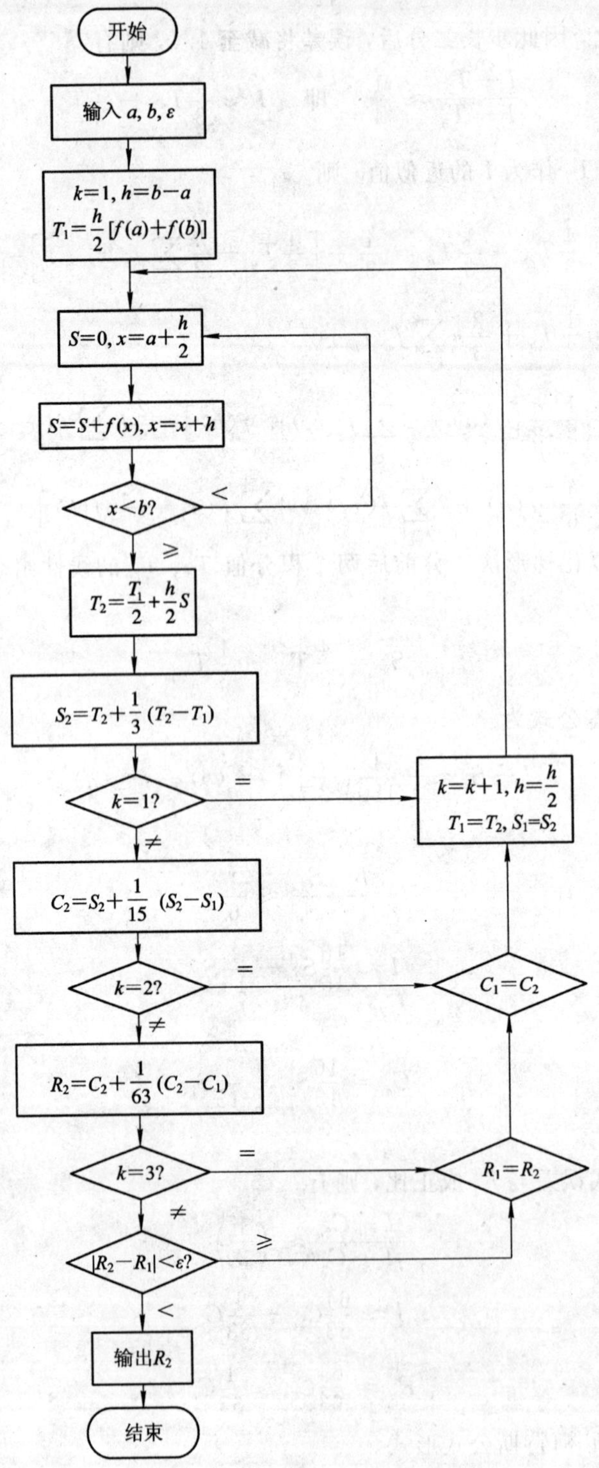

图 3-3 龙贝格算法框图

例 3.7　用龙贝格算法计算积分 $I=\int_0^1 \frac{\sin x}{x}\mathrm{d}x$。

解　龙贝格算法加工流程如下表：

k	T_{2^k}	$S_{2^{k-1}}$	$C_{2^{k-2}}$	$R_{2^{k-3}}$
0	0.920 735 3			
1	0.939 793 3	0.946 145 90		
2	0.944 513 5	0.946 086 90	0.946 082 97	
3	0.945 690 9	0.946 083 37	0.946 083 13	0.946 083 1

二分 3 次，3 次加速，得到了二分 10 次(例 3.6)才能求得的结果，所以说龙贝格加速过程的效果是极其显著的。

3.4　高斯公式

3.4.1　高精度求积公式

在构造牛顿-柯特斯公式时，限定用等分点作为求积点，简化了处理过程，但同时限制了精度。

设 $a=-1$，$b=1$，考察求积公式：$\int_{-1}^1 f(x)\mathrm{d}x \approx \sum_{k=1}^n A_k f(x_k)$。

只要节点 x_k 一经给出，相应的求积系数 A_k 便随之确定，至少有 n 次代数精度。如果适当选取 x_k，可以使代数精度不超过 $2n-1$ 次。

定义：若一组节点 x_1，x_2，…，x_n，可以使求积公式 $\int_{-1}^1 f(x)\mathrm{d}x \approx \sum_{k=1}^n A_k f(x_k)$ 具有 $2n-1$ 次代数精度，称此组节点为高斯点。相应的求积公式为高斯公式。

容易得出一点高斯公式为

$$\int_{-1}^1 f(x)\mathrm{d}x \approx 2f(0)$$

两点高斯公式为

$$\int_{-1}^1 f(x)\mathrm{d}x \approx f\left(-\frac{1}{\sqrt{3}}\right)+f\left(\frac{1}{\sqrt{3}}\right)$$

对于任意区间[a, b]，可通过变换 $x=\frac{b-a}{2}t+\frac{a+b}{2}$ 将积分区间映射到[-1, 1]，此时

$$\int_a^b f(x)\mathrm{d}x \approx \frac{b-a}{2}\left[f\left(-\frac{b-a}{2\sqrt{3}}+\frac{a+b}{2}\right)+f\left(\frac{b-a}{2\sqrt{3}}+\frac{a+b}{2}\right)\right]$$

3.4.2　高斯点的基本特征

高斯点的确定原则上可化为代数问题，归结为方程组的解，但此方程组是非线性的，求解困难，下面通过高斯点的基本特征来解决高斯公式的构造问题。

定理 3.3 节点 x_k 是高斯点的充要条件是 $\omega(x)=\prod_{k=1}^{n}(x-x_k)$ 与一切次数小于等于 $n-1$ 的多项式正交。即

$$\int_{-1}^{1} x^k \omega(x)\mathrm{d}x = 0 \qquad k=0,\ 1,\ \cdots,\ n-1$$

用定理 2 可求出高斯点，比如两点高斯点的求解如下

$$\int_{-1}^{1} f(x)\mathrm{d}x \approx A_1 f(x_1) + A_2 f(x_2)$$

$$\begin{cases} \int_{-1}^{1}(x-x_1)(x-x_2)\mathrm{d}x = 0 \\ \int_{-1}^{1} x(x-x_1)(x-x_2)\mathrm{d}x = 0 \end{cases}$$

得

$$\begin{cases} x_1 x_2 = -\dfrac{1}{3} \\ x_1 + x_2 = 0 \end{cases}$$

方程的解为

$$x_1 = -\frac{1}{\sqrt{3}},\ x_2 = \frac{1}{\sqrt{3}}$$

再用待定系数法得到 $A_1=A_2=1$。

3.4.3 勒让德多项式

以高斯点 $x_k(k=1,\ 2,\ \cdots,\ n)$ 为零点的 n 次多项式 $P_n(x)=(x-x_1)(x-x_2)\cdots(x-x_n)$ 称为勒让德多项式。勒让德多项式有下列一般的表达形式

$$P_n(x) = \frac{n!}{(2n)!}\frac{\mathrm{d}^n(x^2-1)^n}{\mathrm{d}x^n}$$

因此有

$$n=1,\ P_1(x) = x$$

$$n=2,\ P_2(x) = x^2 - \frac{1}{3}$$

$$n=3,\ P_3(x) = x^3 - \frac{3}{5}x$$

$$n=4,\ P_4(x) = x^4 - \frac{30}{35}x^2 + \frac{3}{35}$$

$$n=5,\ P_5(x) = x^5 - \frac{10}{9}x^3 + \frac{5}{21}x$$

比如求三点高斯公式

$$\int_{-1}^{1} f(x)\mathrm{d}x \approx A_1 f(x_1) + A_2 f(x_2) + A_3 f(x_3)$$

由 $P_3(x)=0$ 解得

$$x_1 = -\sqrt{\frac{3}{5}},\ x_2 = 0,\ x_3 = \sqrt{\frac{3}{5}}$$

令 $f(x)=1, x, x^2$ 使求积公式精确成立，有

$$A_1+A_2+A_3=2$$

$$A_1x_1+A_2x_2+A_3x_3=0$$

$$A_1x_1^2+A_2x_2^2+A_3x_3^2=\frac{2}{3}$$

解得 $A_1=\frac{5}{9}$，$A_2=\frac{8}{9}$，$A_3=\frac{5}{9}$。

所以三点高斯公式为

$$\int_{-1}^{1}f(x)\mathrm{d}x\approx\frac{5}{9}f\left(-\sqrt{\frac{3}{5}}\right)+\frac{8}{9}f(0)+\frac{5}{9}f\left(\sqrt{\frac{3}{5}}\right)$$

3.5　数值微分

3.5.1　中点方法

微积分中，导数的定义为

$$f'(a)=\lim_{h\to 0}\frac{f(a+h)-f(a)}{h}$$

如要求精度不高，简单处理方法是

$$f'(a)\approx\frac{f(a+h)-f(a)}{h}$$

该式称为向前差商，也可采用向后差商

$$f'(a)\approx\frac{f(a)-f(a-h)}{h}$$

两种差商的算术平均为

$$f'(a)\approx\frac{f(a+h)-f(a-h)}{2h}$$

此法称为中心法。

在图像上(如图 3-4 所示)，上述三种导数的近似值分别表示弦线 AB、AC 和 BC 的斜率，$f'(a)$就是切线 AT 的斜率，比较这三条弦线与切线 AT 的平行程度，从图像上可以明显地看出 BC 的斜率更接近 AT 的斜率，因此就精度而言，中心法比较精确。

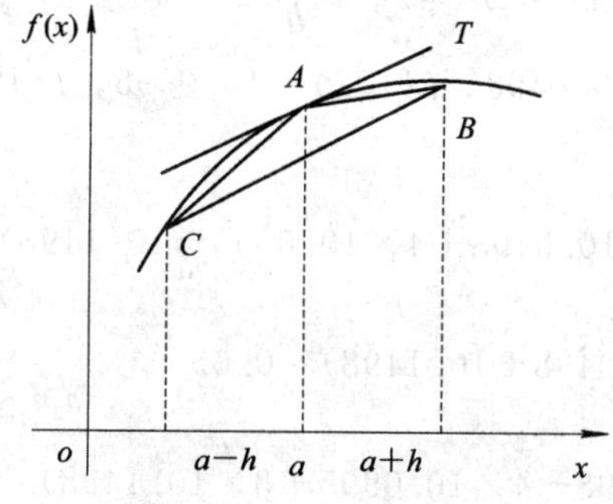

图 3-4　中点法几何含义

3.5.2 插值型的求导公式

设已知 $f(x)$在节点 $x_k(k=0, 1, \cdots, n)$的函数值，作 n 次插值多项式，可用 $P_n'(x)$的值作为 $f'(x)$的近似值。这样建立的数值公式 $f'(x)\approx P_n'(x)$，称为插值型求导公式。

我们重点讨论等距节点三点数值微分公式。

设三个节点 x_0，$x_1=x_0+h$，$x_2=x_0+2h$ 上的函数值给出，作二次插值

$$P_2(x)=\frac{(x-x_1)(x-x_2)}{(x_0-x_1)(x_0-x_2)}f(x_0)+\frac{(x-x_0)(x-x_2)}{(x_1-x_0)(x_1-x_2)}f(x_1)+\frac{(x-x_0)(x-x_1)}{(x_2-x_0)(x_2-x_1)}f(x_2)$$

$$P_2'(x)=\frac{2x-x_1-x_2}{(x_0-x_1)(x_0-x_2)}f(x_0)+\frac{2x-x_0-x_2}{(x_1-x_0)(x_1-x_2)}f(x_1)+\frac{2x-x_0-x_1}{(x_2-x_0)(x_2-x_1)}f(x_2)$$

将 x_0，$x_1=x_0+h$，$x_2=x_0+2h$ 代入，得

$$f'(x_0)\approx\frac{1}{2h}[-3f(x_0)+4f(x_1)-f(x_2)]$$

$$f'(x_1)\approx\frac{1}{2h}[-f(x_0)+f(x_2)]$$

$$f'(x_2)\approx\frac{1}{2h}[f(x_0)-4f(x_1)+3f(x_2)]$$

余项分别为

$$f'(x_0)-P_2'(x_0)=\frac{h^2}{3}f'''(\xi_1)$$

$$f'(x_1)-P_2'(x_1)=-\frac{h^2}{6}f'''(\xi_2)$$

$$f'(x_2)-P_2'(x_2)=\frac{h^2}{3}f'''(\xi_2)$$

类似还可建立高阶微分公式

$$P_2'(x)\approx\frac{1}{h^2}[f(x_0)-2f(x_1)+f(x_2)]$$

$$f''(x_0)=f''(x_1)=f''(x_2)\approx\frac{1}{h^2}[f(x_0)-2f(x_1)+f(x_2)]$$

例 3.8 已知 $f(101)=10.0498$，$f(102)=10.0995$，$f(103)=10.1498$，求 $f'(101)$，$f'(102)$，$f'(103)$。

解 $f'(101)\approx\frac{1}{2}(-3\times10.0498+4\times10.0995-10.1498)=0.0494$

$f'(102)\approx\frac{1}{2}(-10.0498+10.1498)=0.05$

$f'(103)\approx\frac{1}{2}(10.0498-4\times10.0995+3\times10.1498)=0.0506$

3.6　实例——计算人造卫星的轨道周长

由于卫星轨道是椭圆形的，地球球心为该椭圆的一个焦点。我国第一颗人造卫星近地点距离 $h=439$ km，远地点距离 $H=2384$ km，地球半径为 $r=6371$ km。试计算人造卫星的轨道周长。

椭圆长半轴为

$$a=\frac{1}{2}(h+H+2r)$$

可得椭圆半焦距为

$$c=\frac{1}{2}(H-h+2r)$$

椭圆短半轴为

$$b=\sqrt{a^2-c^2}$$

因此椭圆周长计算公式为

$$L=2\int_0^{\pi}\sqrt{a^2\sin^2 x+b^2\cos^2 x}\,\mathrm{d}x$$

可采用自适应复化辛甫生求积公式，求得椭圆周长为 48 707.44 km。

习　题　三

一、填空题

(1) 梯形求积公式的代数精度为______次，辛甫生求积公式的代数精度为______次。用三点高斯求积公式计算积分 $\int_{-1}^{1}f(x)\mathrm{d}x$，代数精度为______次，复化梯形公式的代数精度为______次。

(2) 二分前后的复化梯形公式 T_n、T_{2n} 与复化辛甫生公式 S_n 的关系为____________。

(3) n 阶的牛顿-柯特斯求积系数为 $c_i(i=0, 1, 2, \cdots, n)$，则 $\sum_{i=0}^{n}c_i=$______。

(4) 已知数据

x_i	1.0	1.1	1.2
y_i	2	2.2	2.3

则 $f'(1.0)=$______，$f'(1.1)=$______，$f'(1.2)=$______。一阶差商 $f(1, 1.1)=$____________，$f(1.1, 1.2)=$______，则二阶差商 $f(1, 1.1, 1.2)=$__________。

二、选择题

(1) 对于(　　)次多项式，求积公式 $\int_a^b f(x)\mathrm{d}x \approx \sum_{k=0}^{n} A_k f(x_k)$ 精确成立，称具有 m 次代数精度的。

A. m　　B. 不超过 m　　C. 小于 m　　D. 大于 m

(2) 已知求积公式 $\int_{-1}^{1} f(x)\mathrm{d}x \approx \frac{1}{2}[f(-1)+2f(0)+f(1)]$，其代数精度为(　　)次。

A. 1　　B. 2　　C. 3　　D. 4

(3) 设高斯型求积公式 $\int_a^b f(x)\mathrm{d}x \approx \sum_{k=0}^{n} A_k f(x_k)$，若已知有 4 个节点，则此时求积公式是(　　)次代数精度。

A. 5　　B. 6　　C. 7　　D. 9

三、计算题

(1) 确定求积公式 $\int_0^3 f(x)\mathrm{d}x = A_0 f(0) + A_1 f(1) + A_2 f(2)$ 的待定参数，使其代数精度尽量高，并指出其所具有的代数精度。

(2) 已知数据

x	1	1.1	1.2
$f(x)$	3.1	3.9	4.5

试分别用辛甫生法和复化梯形法计算积分 $\int_1^{1.2} f(x)\mathrm{d}x$。

(3) 将区间[1, 9]8 等分，试用复化梯形公式求积分 $\int_1^9 \sqrt{6x-5}\,\mathrm{d}x$ 的近似值，计算过程中保留 3 位小数。已知

x	1	2	3	4	5	6	7	8	9
$f(x)=\sqrt{6x-5}$	1.000	2.646	3.606	4.359	5.000	5.568	6.083	6.557	7.000

(4) 用龙贝格求积方法计算 $\frac{2}{\sqrt{\pi}}\int_0^1 \mathrm{e}^{-x}\mathrm{d}x$ 积分，使误差不超过 10^{-5}。

(5) 给出计算积分 $\int_{-1}^{1} f(x)(1+x^2)\mathrm{d}x$ 的两点计算公式，使得其具有最高代数精度。

(6) 用 $n=2, 3$ 的高斯公式计算积分 $\int_1^3 \mathrm{e}^x \sin x\mathrm{d}x$。

(7) 从地面发射一枚火箭，在最初 80 s 内记录其加速度如下表，试求火箭在第 80 s 的速度。

t/s	0	10	20	30	40	50	60	70	80
a/ms^{-2}	30.00	31.63	33.44	35.47	37.75	40.33	43.29	46.69	50.67

(8) 用三点公式和积分公式求 $f(x)=\frac{1}{(1+x)^2}$ 在 $x=1.0$，1.1 和 1.2 处的导数值。$f(x)$ 的值由下表给出：

x	1.0	1.1	1.2
$f(x)$	0.2500	0.2268	0.2066

第4章 常微分方程数值解

教学目标 本章主要介绍求解常微分方程的几种方法。通过本章的学习，要求掌握欧拉公式、改进欧拉公式、经典四阶龙格-库塔公式及线性多步法等知识，对数值解法的收敛性与稳定性、高阶微分方程和微分方程组内容作一般了解。

4.1 引 言

科学技术中常常需要求解常微分方程的定解问题，多数情况要找出解的解析式是极其困难的，主要依靠数值解法。本章主要研究一阶常微分方程的初值问题：

$$\begin{cases} y' = f(x, y) \\ y(x_0) = y_0 \end{cases} \tag{4.1}$$

假定 $f(x, y)$满足李普希兹条件，即存在常数 L，使$|f(x, y_1)-f(x, y_2)|\leqslant L|y_1-y_2|$，其中 $L>0$，(x, y_1)，$(x, y_2)\in R$，R 为区域$\{a\leqslant x\leqslant b, -\infty<y<+\infty\}$，由常微分方程的理论知道，初值问题的解存在且唯一。

差分方法是一类重要的数值解法，这类方法是要寻求一系列离散点 $x_1<x_2<\cdots<x_n$ 上的近似值 y_1，y_2，…，y_n。$h=x_{n+1}-x_n$ 为步长，这里假定 h 为常数。

初值问题的各种差分方法有个基本特点，就是都采取“步进式”，即求解过程顺着节点排列的次序一步一步地向前推进，描述这类算法，只要给出用已知结果 y_n，y_{n-1} 计算 y_{n+1} 的递推公式即可。

4.2 欧 拉 法

4.2.1 欧拉公式

微分方程的本质特征是方程中含有导数项，这也是它难以求解的症结所在。数值解法的第一步就是设法消除其导数值，该过程称为离散化。一个实现离散化的基本途径是用差商代替导数。若在点 x_n 处列出方程 $y'(x_n)=f(x_n, y(x_n))$，用差商$\dfrac{y(x_{n+1})-y(x_n)}{h}$代替

$y'(x_n)$，可得出

$$y(x_{n+1}) \approx y(x_n) + hf(x_n, y(x_n))$$

用 $y(x_n)$的近似值 y_n 代入上式右端，$y(x_{n+1})$的近似值 y_{n+1} 代入上式左端，得到

$$y_{n+1} = y_n + hf(x_n, y_n) \tag{4.2}$$

这就是欧拉(Euler)公式。若初值 y_0 是已知的，则依据上式即可逐步算出数值解 y_1，y_2，…，y_n，…。

图 4-1 描述了欧拉方法，其中 h 为步长，N 为迭代步数。

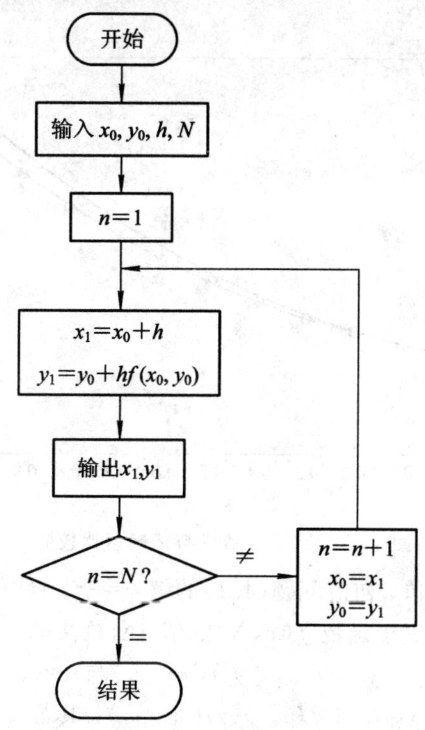

图 4-1　欧拉方法

例 4.1　用欧拉法求解初值问题

$$\begin{cases} y' = x + y \\ y(0) = 1 \end{cases}, 0 < x < 1, h = 0.1$$

解

$$y_{n+1} = y_n + hf(x_n, y_n) = y_n + h(x_n + y_n) = 0.1x_n + 1.1y_n$$

$$x_0 = 0, y_0 = 1, y_1 = 0.1x_0 + 1.1y_0 = 1.1$$

$$x_1 = 0.1, y_2 = 0.1x_1 + 1.1y_1 = 1.22$$

$$x_2 = 0.2, y_3 = 0.1x_2 + 1.1y_2 = 1.362$$

以此类推，结果见表 4-1。该初值问题的解析解为 $y=2e^x-x-1$，将准确值 $y(x_n)$同近似值 y_n 一起列在表 4-1 中，比较两者可以看出欧拉法的精度很低。图 4-2 显示了欧拉法结果与精确值的比较。

表 4-1 欧拉法结果与精确值比较

x_n	y_n	$y(x_n)$	x_n	y_n	$y(x_n)$
0.1	1.1000	1.1103	0.6	1.9431	2.0442
0.2	1.2200	1.2428	0.7	2.1974	2.3275
0.3	1.3620	1.3997	0.8	2.4872	2.6511
0.4	1.5282	1.5836	0.9	2.8159	3.0192
0.5	1.7210	1.7974	1.0	3.1875	3.4366

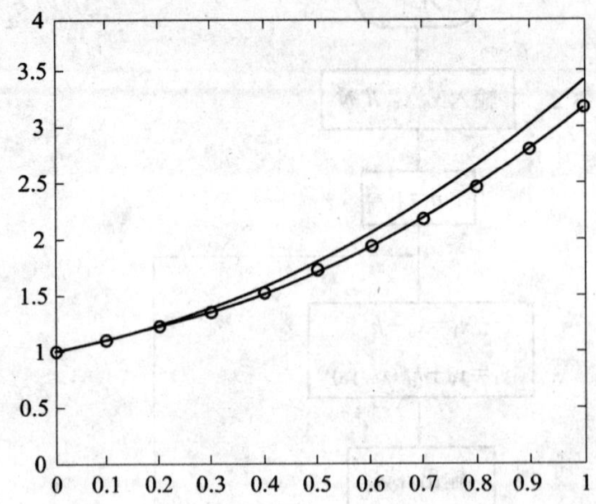

图 4-2 欧拉法结果与精确值比较图

欧拉法的几何意义很简单，初值问题(4.1)的解 $y=y(x)$称作它的积分曲线。积分曲线上任一点(x, y)的切线斜率等于函数 $f(x, y)$的值。欧拉法的几何意义是从点 $p_0(x_0, y_0)$出发，该点积分曲线的切线 $y=y_0+f(x_0, y_0)(x-x_0)$与 $x=x_1$ 的交点为 p_1，然后再从 p_1 作过该点的积分曲线的切线 $y=y_1+f(x_1, y_1)(x-x_1)$，其与 $x=x_2$ 的交点为 p_2，如此循环，可作出一条折线 $p_0p_1p_2\cdots$，如图 4-3 所示。欧拉法就是用这条折线近似积分曲线。

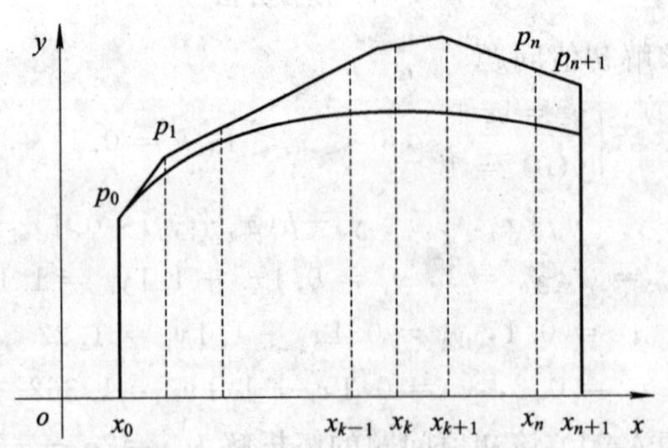

图 4-3 欧拉法求解过程

为简化分析，常在 y_n 为准确的前提下，即在 $y_n=y(x_n)$的前提下，估计 $y(x_{n+1})-y_{n+1}$

的大小，这种误差称为局部截断误差。如果局部截断误差为 $O(h^{P+1})$，则称这种方法是 p 阶的。

对于上述欧拉公式，假设 $y_n=y(x_n)$，则

$$y_{n+1}=y_n+hf(x_n, y_n)=y(x_n)+y'(x_n)$$

将 $y(x_{n+1})$ 在 x_n 点按泰勒公式展开，为

$$y(x_{n+1})=y(x_n)+hy'(x_n)+\frac{h^2}{2}y''(\xi), \xi\in(x_n, x_{n+1})$$

可得截断误差

$$y(x_{n+1})-y_{n+1}=\frac{h^2}{2}y''(\xi)=O(h^2)$$

这说明欧拉方法仅为一阶方法。从图 4－4 也可看出欧拉法精度不高。

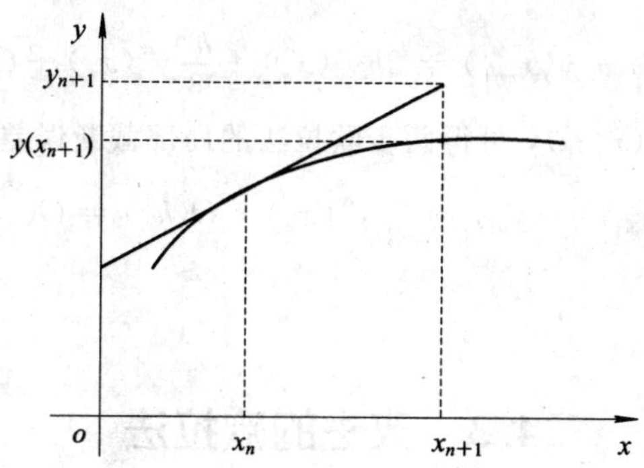

图 4－4　欧拉法示意图

4.2.2　隐式欧拉法

若用向后差商 $\dfrac{y(x_{n+1})-y(x_n)}{h}$ 代替 $y'(x_{n+1})=f(x_{n+1}, y(x_{n+1}))$ 中的 $y'(x_{n+1})$，可导出

$$y(x_{n+1})\approx y(x_n)+hf(x_{n+1}, y(x_{n+1}))$$

用 $y(x_n)$ 的近似值 y_n 代入上式右端，$y(x_{n+1})$ 的近似值 y_{n+1} 代入上式左端，得到

$$y_{n+1}=y_n+hf(x_{n+1}, y_{n+1}) \tag{4.3}$$

因为式(4.3)右端也含有 y_{n+1}，所以该方法称为隐式欧拉法。

假设 $y_n=y(x_n)$，则

$$y_{n+1}=y_n+hf(x_{n+1}, y_{n+1})=y(x_n)+y'(x_{n+1})$$

将 $y(x_n)$ 在 x_{n+1} 点按泰勒公式展开，为

$$y(x_n)=y(x_{n+1}-h)=y(x_{n+1})-hy'(x_{n+1})+\frac{h^2}{2}y''(\xi), \xi\in(x_n, x_{n+1})$$

所以

$$y(x_{n+1})-y_{n+1}=-\frac{h^2}{2}y''(\xi)=O(h^2)$$

因此隐式欧拉方法也为一阶方法。

4.2.3 两步欧拉法

除向前差商和向后差商外，还可以用中心差商$\frac{y(x_{n+1})-y(x_{n-1})}{2h}$代替 $y'(x_n)$，可得

$$y_{n+1}=y_{n-1}+2hf(x_n, y_n) \tag{4.4}$$

该式需要 y_{n-1} 和 y_n 两步的信息，因此称为两步欧拉法。

将 $y(x_{n-1})$ 和 $y(x_{n+1})$ 在 x_n 点按泰勒公式展开

$$y(x_{n+1})=y(x_n)+hy'(x_n)+\frac{h^2}{2}y''(x_n)+\frac{h^3}{3!}y'''(x_n)+O(h^4)$$

$$y(x_{n-1})=y(x_n)-hy'(x_n)+\frac{h^2}{2}y''(x_n)-\frac{h^3}{3!}y'''(x_n)+O(h^4)$$

两式相减

$$y(x_{n+1})-y(x_{n-1})=2hy'(x_n)+\frac{h^3}{3}y'''(x_n)+O(h^4)$$

假设 $y_n=y(x_n)$，$y_{n-1}=y(x_{n-1})$，可得两步欧拉法的局部截断误差为

$$y(x_{n+1})-y_{n+1}=\frac{h^3}{3}y'''(x_n)+O(h^4)=O(h^3)$$

所以该法的精度是二阶。

4.3 改进的欧拉法

4.3.1 梯形法

若将 $y'=f(x, y)$的两端从 x_n 到 x_{n+1} 积分，可得

$$\int_{x_n}^{x_{n+1}}\mathrm{d}y=\int_{x_n}^{x_{n+1}}f(x, y)\mathrm{d}x$$

$$y(x_{n+1})=y(x_n)+\int_{x_n}^{x_{n+1}}f(x, y)\mathrm{d}x$$

问题就转化为如何求右端的积分项。

选用不同的计算方法计算 $\int_{x_n}^{x_{n+1}}f(x, y)\mathrm{d}x$ 就会得到不同的差分法。

如用左矩形方法计算积分项，可导出欧拉法

$$y(x_{n+1})=y(x_n)+hf(x_n, y_n)$$

如用右矩形方法计算积分项，可导出隐式欧拉法

$$y_{n+1}=y_n+hf(x_{n+1}, y_{n+1})$$

如用梯形公式计算积分项，可得

$$y(x_{n+1})=y(x_n)+\frac{h}{2}[f(x_n, y_n)+f(x_{n+1}, y_{n+1})]$$

若用 y_n，y_{n+1} 代替 $y(x_n)$，$y(x_{n+1})$，得到

$$y_{n+1}=y_n+\frac{h}{2}[f(x_n, y_n)+f(x_{n+1}, y_{n+1})] \tag{4.5}$$

此公式称为梯形法，这实际是显式欧拉法和隐式欧拉法的算术平均。

4.3.2　改进欧拉公式

欧拉方法是一种显式算法，其计算量小，但精度很低，梯形公式虽提高了精度，但它是一种隐式算法，需借助于迭代过程，计算量大。

综合使用这两种方法，先用欧拉方法求得一个初步的近似值 $\bar{y}_{n+1}$，称之为预报值，预报值 $\bar{y}_{n+1}$ 精度不高，代替梯形公式右端 y_{n+1}，得到校正值 y_{n+1}。

$$\begin{cases} \text{预报值} & \bar{y}_{n+1} = y_n + hf(x_n,\ y_n) \\ \text{校正值} & y_{n+1} = y_n + \dfrac{h}{2}[f(x_n,\ y_n) + f(x_{n+1},\ \bar{y}_{n+1})] \end{cases} \tag{4.6}$$

或表示成嵌套形式

$$y_{n+1} = y_n + \frac{h}{2}[f(x_n,\ y_n) + f(x_{n+1},\ y_n + \frac{h}{2}f(x_n,\ y_n))] \tag{4.7}$$

或表示为平均形式

$$\begin{cases} y_p = y_n + hf(x_n,\ y_n) \\ y_c = y_n + hf(x_{n+1},\ y_p) \\ y_{n+1} = \dfrac{1}{2}(y_p + y_c) \end{cases} \tag{4.8}$$

可以证明局部截断误差是 $O(h^3)$。图 4－5 描述了改进欧拉方法。

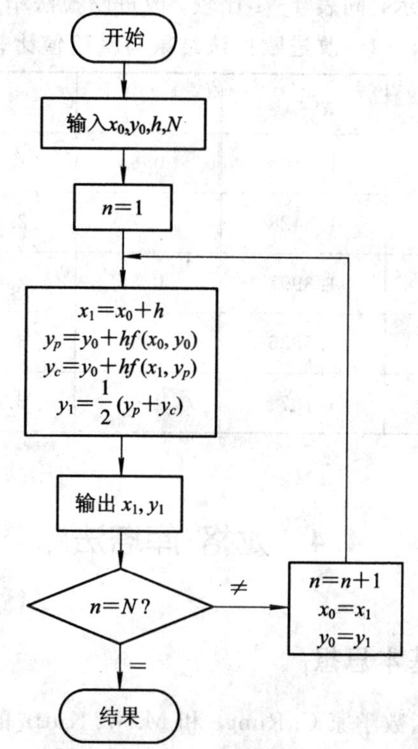

图 4－5　改进欧拉方法

例 4.2 用改进欧拉方法求解初值问题

$$\begin{cases} y' = x + y \\ y(0) = 1 \end{cases}, 0 < x < 1, h = 0.1$$

解

$$\begin{cases} y_p = y_n + h(x_n + h_n) \\ y_c = y_n + h(x_{n+1} + y_p) \\ y_{n+1} = \dfrac{1}{2}(y_p + y_c) \end{cases}$$

当 $x_0=0$ 时，$y_0=1$

当 $x_1=0.1$ 时

$$y_p = y_0 + h(x_0 + y_0) = 1 + 0.1(0 + 1) = 1.1$$
$$y_c = y_0 + h(x_1 + y_p) = 1 + 0.1(0.1 + 1.1) = 1.12$$
$$y_1 = \frac{1}{2}(y_p + y_c) = 1.11$$

当 $x_2=0.2$ 时

$$y_p = y_1 + h(x_1 + y_1) = 1.11 + 0.1(0.1 + 1.11) = 1.231$$
$$y_c = y_1 + h(x_2 + y_p) = 1.11 + 0.1(0.2 + 1.231) = 1.2531$$
$$y_2 = \frac{1}{2}(y_p + y_c) = 1.242\,05 \approx 1.2421$$

以此类推，计算如表 4－2 所示，同表 4－1 比较，改进欧拉法精度明显提高。

表 4－2 改进欧拉法结果与精确值比较

x_n	y_n	$y(x_n)$	x_n	y_n	$y(x_n)$
0.1	1.1100	1.1103	0.6	2.0409	2.0442
0.2	1.2421	1.2428	0.7	2.3231	2.3275
0.3	1.3985	1.3997	0.8	2.6456	2.6511
0.4	1.5818	1.5836	0.9	3.0124	3.0192
0.5	1.7949	1.7974	1.0	3.4282	3.4366

4.4 龙格-库塔法

4.4.1 龙格-库塔法的基本思想

龙格-库塔方法是以德国数学家 C. Runge 和 M. W. Kutta 的名字来命名的，后来做了不同程度的改进，使此方法至今仍被广泛应用。

由微分中值定理可知，存在一点 ξ，使得

$$y(x_{n+1}) - y(x_n) = hy'(\xi) \qquad \xi \in (x_n,\ x_{n+1})$$

从而

$$y(x_{n+1}) = y(x_n) + hf(\xi,\ y(\xi))$$

其中 $K^* = f(\xi,\ y(\xi))$ 称作区间 $[x_n,\ x_{n+1}]$ 上的平均斜率。按照这种观点，提供一种近似的计算平均斜率的方法，就得到一种近似公式，或称为微分方程的一种计算方法。欧拉方法就是简单地取 x_n 的斜率 $K_1 = f(x_n,\ y_n)$ 作为平均斜率 K^*，显然精度不高。

改进欧拉方法的形式也可表示为

$$\begin{cases} y_{n+1} = y_n + \dfrac{h}{2}(K_1 + K_2) \\ K_1 = f(x_n,\ y_n) \\ K_2 = f(x_{n+1},\ y_n + hK_1) \end{cases}$$

它是用 x_n 和 x_{n+1} 两个点的斜率 K_1 和 K_2 取算术平均值作为平均斜率 K^*，而 K_2 是利用已知信息 y_n 通过欧拉方法来预报的。

龙格-库塔方法的基本思想就是设法在 $[x_n,\ x_{n+1}]$ 内多预报几个点的斜率值，然后将它们加权平均作为平均斜率 K^*。具体构造时，可先引进若干参数。龙格-库塔方法的一般形式为

$$\begin{cases} y_{n+1} = y_n + h\sum\limits_{i=1}^{m}\lambda_i K_i \\ K_1 = f(x_n,\ y_n) \\ K_i = f(x_n + \alpha_i h,\ y_n + h\sum\limits_{j=1}^{i-1}\beta_{ij}K_j) \qquad (i = 2,\ 3,\ \cdots,\ m) \end{cases}$$

展开形式为

$$\begin{cases} y_{n+1} = y_n + h(\lambda_1 K_1 + \lambda_2 K_2 + \cdots + \lambda_m K_m) \\ K_1 = f(x_n,\ y_n) \\ K_2 = f(x_n + \alpha_2 h,\ y_n + h\beta_{21}K_1) \\ K_3 = f(x_n + \alpha_3 h,\ y_n + h(\beta_{31}K_1 + \beta_{32}K_2)) \\ \quad\vdots \\ K_m = f(x_n + \alpha_m h,\ y_n + h(\beta_{m1}K_1 + \beta_{m2}K_2 + \cdots + \beta_{mm-1}K_{m-1})) \end{cases}$$

参数 α_i、β_{ij}、λ_i 与 $f(x,\ y)$ 无关，如果适当选取 α_i、β_{ij}、λ_i，就可以使局部截断误差达到 $O(h^{m+1})$，此时该方法具有 m 阶精度。

4.4.2　二阶龙格-库塔法

二阶龙格-库塔法就是 $m=2$ 时的情况，此时龙格-库塔公式为

$$\begin{cases} y_{n+1} = y_n + h(\lambda_1 K_1 + \lambda_2 K_2) \\ K_1 = f(x_n,\ y_n) \\ K_2 = f(x_n + \alpha_2 h,\ y_n + h\beta_{21}K_1) \end{cases}$$

适当选取 λ_1、λ_2、α_2 和 β_{21}，在 $y(x_n) = y_n$ 的假设下，使截断误差

$$y(x_{n+1}) - y_{n+1} = O(h^3)$$

为书写方便，$f(x, y)$、$\frac{\partial f}{\partial x}$和$\frac{\partial f}{\partial y}$在$(x_n, y_n)$处取值记为 f_n、$\frac{\partial f_n}{\partial x}$和$\frac{\partial f_n}{\partial y}$，将 K_1，K_2 代入 y_{n+1}，得

$$y_{n+1} = y_n + h\lambda_1 f_n + h\lambda_2 f(x_n + \alpha_2 h, y_n + h\beta_{21} f_n)$$

将 $f(x_n+\alpha_2 h, y_n+h\beta_{21} f_n)$在$(x_n, y_n)$处泰勒展开，为

$$f(x_n + \alpha_2 h, y_n + h\beta_{21} f_n) = f_n + \alpha_2 h \frac{\partial f_n}{\partial x} + h\beta_{21} f_n \frac{\partial f_n}{\partial y} + O(h^2)$$

代入 y_{n+1}，化简得到

$$y_{n+1} = y_n + h(\lambda_1 + \lambda_2) f_n + \lambda_2 h^2 \left(\alpha_2 \frac{\partial f_n}{\partial x} + \beta_{21} f_n \frac{\partial f_n}{\partial y}\right) + O(h^3)$$

将 $y(x_{n+1})$在 x_n 处展开

$$\begin{aligned} y(x_{n+1}) &= y(x_n + h) \\ &= y(x_n) + y'(x_n)h + \frac{1}{2!}y''(x_n)h^2 + O(h^3) \\ &= y_n + f_n h + \frac{1}{2}\left(\frac{\partial f_n}{\partial x} + \frac{\partial f_n}{\partial y} f_n\right)h^2 + O(h^3) \end{aligned}$$

为使 $y(x_{n+1})-y_{n+1}=O(h^3)$，$\lambda_1$、$\lambda_2$、$\alpha_2$、$\beta_{21}$ 须满足

$$\begin{cases} \lambda_1 + \lambda_2 = 1 \\ \alpha_2 \lambda_2 = \dfrac{1}{2} \\ \beta_{12} \lambda_2 = \dfrac{1}{2} \end{cases}$$

该方程组有无穷多组解，满足方程组解的公式统称为一簇二阶龙格-库塔法。

若 $\alpha_2=1$，解方程组得到 $\lambda_1=\lambda_2=1/2$，$\beta_{21}=1$，此时公式为

$$\begin{cases} y_{n+1} = y_n + \dfrac{h}{2}(K_1 + K_2) \\ K_1 = f(x_n, y_n) \\ K_2 = f(x_{n+1}, y_n + hK_1) \end{cases} \tag{4.9}$$

这就是改进型欧拉法。

若 $\lambda_1=0$，解方程组得到 $\lambda_2=1$，$\alpha_2=1/2$，$\beta_{21}=1/2$，此时公式为

$$\begin{cases} y_{n+1} = y_n + hK_2 \\ K_1 = f(x_n, y_n) \\ K_2 = f\left(x_n + \dfrac{h}{2}, y_n + \dfrac{h}{2}K_1\right) \end{cases} \tag{4.10}$$

该公式称为中点方法。

4.4.3 三阶龙格-库塔法

使用导出一簇二阶龙格-库塔的方法同样可导出一簇三阶龙格-库塔方法，下面格式是其中最简单的一种：

$$
\begin{cases}
y_{n+1} = y_n + \dfrac{h}{6}(K_1 + 4K_2 + K_3) \\
K_1 = f(x_n,\ y_n) \\
K_2 = f\left(x_n + \dfrac{h}{2},\ y_n + \dfrac{h}{2}K_1\right) \\
K_3 = f(x_n + h,\ y_n + h(-K_1 + 2K_2))
\end{cases}
\tag{4.11}
$$

4.4.4　四阶龙格-库塔法

利用同样的方法，可导出一簇四阶龙格-库塔方法，下面是最常用的经典格式：

$$
\begin{cases}
y_{n+1} = y_n + \dfrac{h}{6}(K_1 + 2K_2 + 2K_3 + K_4) \\
K_1 = f(x_n,\ y_n) \\
K_2 = f\left(x_n + \dfrac{h}{2},\ y_n + \dfrac{h}{2}K_1\right) \\
K_3 = f\left(x_n + \dfrac{h}{2},\ y_n + \dfrac{h}{2}K_2\right) \\
K_4 = f(x_{n+1},\ y_n + hK_3)
\end{cases}
\tag{4.12}
$$

图 4-6 描述了该方法。

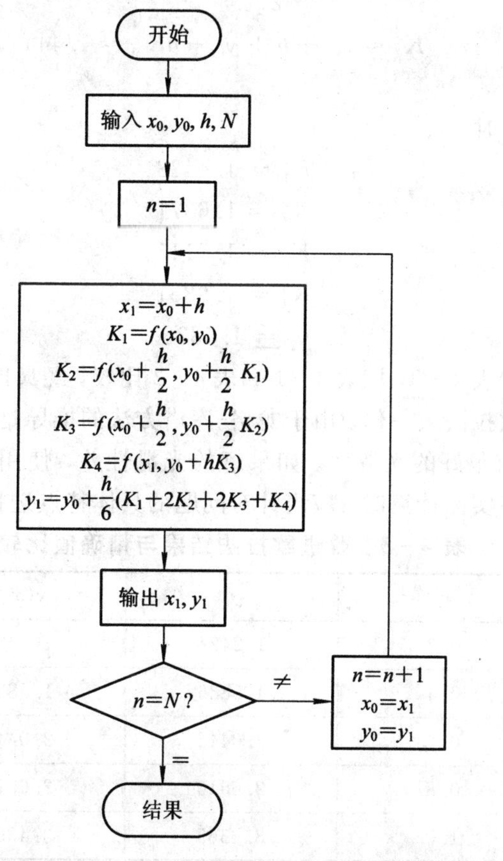

图 4-6　四阶经典龙格-库塔方法

例 4.3 用经典四阶龙格-库塔方法求解初值问题

$$\begin{cases} y' = x + y \\ y(0) = 1 \end{cases}, 0 < x < 1, h = 0.1$$

解 具体形式为

$$\begin{cases} y_{n+1} = y_n + \dfrac{h}{6}(K_1 + 2K_2 + 2K_3 + K_4) \\ K_1 = x_n + y_n \\ K_2 = x_n + \dfrac{h}{2} + y_n + \dfrac{h}{2}K_1 \\ K_3 = x_n + \dfrac{h}{2} + y_n + \dfrac{h}{2}K_2 \\ K_4 = x_n + h + y_n + hK_3 \end{cases}$$

当 $x_0=0$ 时，$y_0=1$。

当 $x_1=0.2$ 时，

$$K_1 = x_0 + y_0 = 1$$

$$K_2 = x_0 + \frac{h}{2} + y_0 + \frac{h}{2}K_1 = 1.2$$

$$K_3 = x_0 + \frac{h}{2} + y_0 + \frac{h}{2}K_2 = 1.22$$

$$K_4 = x_0 + h + y_0 + hK_3 = 1.444$$

所以，$y_1=1.2428$。

同样，当 $x_2=0.4$ 时，

$$K_1 = 1.4428$$

$$K_2 = 1.6871$$

$$K_3 = 1.7115$$

$$K_4 = 1.9851$$

$$y_2 = 1.5836$$

以此类推，计算如表 4－3，同表 4－1 和表 4－2 比较，经典四阶龙格-库塔方法精度很高。计算量也比改进欧拉法大一倍。由于龙格-库塔方法的推导是基于泰勒展开方法的，因此它要求所求的解具有很好的光滑性。如果解的光滑性差，使用四阶龙格-库塔精度反而不如改进欧拉方法。在实际计算时，应当针对问题的具体特点选择合适的算法。

表 4－3 改进欧拉法结果与精确值比较

x_n	y_n	$y(x_n)$
0.2	1.2428	1.2428
0.4	1.5836	1.5836
0.6	2.0442	2.0442
0.8	2.6510	2.6510
1.0	3.4365	3.4365

4.5 线性多步法

4.5.1 线性多步法的构造

当通过数值方法求解常微分方程初值问题

$$\begin{cases} y' = f(x,\ y) \\ y(x_0) = y_0 \end{cases}$$

时，若计算 y_{n+1} 仅用到它前面的一个函数值 y_n，则称为单步法。如果利用前面已经算出的 r 个值 y_{n-r+1}，y_{n-r+2}，…，y_{n-1}，y_n，则称为多步法，最常用到的是线性多步法。

构造如下形式的线性多步公式，使它具有 p 阶精确度：

$$\begin{aligned} y_{n+1} &= \alpha_0 y_n + \alpha_1 y_{n-1} + \cdots + \alpha_r y_{n-r} \\ &\quad + h(\beta_{-1} f_{n+1} + \beta_0 f_n + \beta_1 f_{n-1} + \cdots + \beta_r f_{n-r}) \\ &= \sum_{k=0}^{r} \alpha_k y_{n-k} + h \sum_{k=-1}^{r} \beta_k f_{n-k} \end{aligned} \tag{4.13}$$

当 $\beta_{-1}=0$ 时，上式为显式线性多步法；当 $\beta_{-1}\neq 0$ 时，上式是隐式线性多步法。它们的局部截断误差定义为

$$T_{n+1} = y(x_{n+1}) - \Big[\sum_{k=0}^{r} \alpha_k y(x_{n-k}) + h \sum_{k=-1}^{r} \beta_k f(x_{n-k},\ y(x_{n-k}))\Big]$$

利用微分方程后得

$$T_{n+1} = y(x_{n+1}) - \Big[\sum_{k=0}^{r} \alpha_k y(x_{n-k}) + h \sum_{k=-1}^{r} \beta_k y'(x_{n-k})\Big]$$

确定线性多步法的公式可以从数值积分和泰勒展开两种方法构造，这里重点研究利用泰勒展开的方法来构造。为了确定待定的参数 α_k，β_k，使它达到 p 阶精度，即 $T_{n+1} = O(h^{p+1})$，对局部截断误差的右端各项在 x_n 点作泰勒展开

$$\begin{aligned} y(x_{n-k}) &= y(x_n) - (kh)y'(x_n) + \frac{(-kh)^2}{2} y''(x_n) + \cdots + \frac{(-kh)^p}{p!} y^{(p)}(x_n) \\ &\quad + \frac{(-kh)^{p+1}}{(p+1)!} y^{(p+1)}(x_n) + O(h^{p+2}) \end{aligned}$$

$$\begin{aligned} y'(x_{n-k}) &= y'(x_n) - (kh)y''(x_n) + \frac{(-kh)^2}{2} y'''(x_n) + \cdots + \frac{(-kh)^{p-1}}{(p-1)!} y^{(p)}(x_n) \\ &\quad + \frac{(-kh)^p}{p!} y^{(p+1)}(x_n) + O(h^{p+1}) \end{aligned}$$

将它们代入局部截断误差公式整理后得到

$$\begin{aligned} T_{n+1} &= \Big(1 - \sum_{k=0}^{r} \alpha_k\Big) y(x_n) + \sum_{j=1}^{p} \frac{h^j}{j!} \Big[1 - \Big(\sum_{k=1}^{r} (-k)^j \alpha_k + j \sum_{k=-1}^{r} (-k)^{j-1} \beta_k\Big)\Big] y^{(j)}(x_n) \\ &\quad + \frac{h^{p+1}}{(p+1)!} \Big[1 - \Big(\sum_{k=1}^{r} (-k)^{p+1} \alpha_k + (p+1) \sum_{k=-1}^{r} (-k)^p \beta_k\Big)\Big] y^{(p+1)}(x_n) + O(h^{p+2}) \end{aligned} \tag{4.14}$$

使 $y(x_n)$，h，h^2，…，h^p 的系数为零，就得到关于 α_k 和 β_k 的方程组

$$\begin{cases}\sum_{k=0}^{r}\alpha_k=1\\ \sum_{k=1}^{r}(-k)^j\alpha_k+j\sum_{k=-1}^{r}(-k)^{j-1}\beta_k=1 \qquad j=1,2,\cdots,p\end{cases} \tag{4.15}$$

并且得到线性多步法的局部截断误差

$$T_{n+1}=\frac{h^{p+1}}{(p+1)!}\Big[1-\Big(\sum_{k=1}^{r}(-k)^{p+1}\alpha_k+(p+1)\sum_{k=-1}^{r}(-k)^p\beta_k\Big)\Big]y^{(p+1)}(x_n)+O(h^{p+2}) \tag{4.16}$$

其中

$$\frac{h^{p+1}}{(p+1)!}\Big[1-\Big(\sum_{k=1}^{r}(-k)^{p+1}\alpha_k+(p+1)\sum_{k=-1}^{r}(-k)^p\beta_k\Big)\Big]y^{(p+1)}(x_n)$$

为局部截断误差主项。下面构造几个常用的著名的四阶线性多步公式($r=4$，$p=4$)。

(1) 当 $\beta_{-1}=0$，$\alpha_1=\alpha_2=\alpha_3=0$ 时，得到如下方程组

$$\begin{cases}\alpha_0=1\\ \beta_0+\beta_1+\beta_2+\beta_3=1\\ -2\beta_1-4\beta_2-6\beta_3=1\\ 3\beta_1+12\beta_2+27\beta_3=1\\ -4\beta_1-32\beta_2-108\beta_3=1\end{cases}$$

解得 $\alpha_0=1$，$\beta_0=\frac{55}{24}$，$\beta_1=-\frac{59}{24}$，$\beta_2=\frac{37}{24}$，$\beta_3=\frac{9}{24}$，代入式(4.13)，得到常用的 Adams 四步四阶显式公式和它的余项：

$$y_{n+1}=y_n+\frac{h}{24}(55f_n-59f_{n-1}+37f_{n-2}-9f_{n-3}) \tag{4.17}$$

$$T_{n+1}=\frac{251}{720}h^5y^{(5)}(x_n)+O(h^6) \tag{4.18}$$

(2) 当 $\beta_{-1}=0$，$\alpha_0=\alpha_1=\alpha_2=0$ 时，得到 5 个待定参数的方程组，解得 $\alpha_3=1$，$\beta_0=\frac{8}{3}$，$\beta_1=-\frac{4}{3}$，$\beta_2=\frac{8}{3}$，$\beta_3=0$，这就是 Milne 四步四阶显式公式和它的余项：

$$y_{n+1}=y_{n-3}+\frac{4h}{3}(2f_n-f_{n-1}+2f_{n-2}) \tag{4.19}$$

$$T_{n+1}=\frac{14}{15}h^5y^{(5)}(x_n)+O(h^6) \tag{4.20}$$

(3) 当 $\beta_{-1}\neq0$，$\alpha_1=\alpha_2=\alpha_3=0$，$\beta_3=0$ 时，得到 5 个待定参数的方程组，解得 $\alpha_0=1$，$\beta_{-1}=\frac{9}{24}$，$\beta_0=\frac{19}{24}$，$\beta_1=-\frac{5}{24}$，$\beta_2=\frac{1}{24}$，得到 Adams 三步四阶隐式公式和余项：

$$y_{n+1}=y_n+\frac{h}{24}(9f_{n+1}+19f_n-5f_{n-1}+f_{n-2}) \tag{4.21}$$

$$T_{n+1}=-\frac{19}{720}h^5y^{(5)}(x_n)+O(h^6) \tag{4.22}$$

(4) 当$\beta_{-1}\neq 0$，$\alpha_0=\alpha_3=0$，$\beta_2=\beta_3=0$时，解5个待定参数的方程组，得到著名的Hamming公式及余项：

$$y_{n+1}=\frac{1}{8}(9y_n-y_{n-2})+\frac{3h}{8}(f_{n+1}+2f_n-f_{n-1}) \tag{4.23}$$

$$T_{n+1}=-\frac{1}{40}h^5y^{(5)}(x_n)+O(h^6) \tag{4.24}$$

(5) 当$\beta_{-1}\neq 0$，$\alpha_0=\alpha_2=\alpha_3=0$，$\beta_3=0$时，解5个待定参数的方程组，得到Simpsom隐式公式及余项：

$$y_{n+1}=y_{n-1}+\frac{4h}{3}(f_{n+1}+4f_n+f_{n-1}) \tag{4.25}$$

$$T_{n+1}=\frac{1}{90}h^5y^{(5)}(x_n)+O(h^6) \tag{4.26}$$

例 4.4 设有常微分方程的初值问题$\begin{cases}y'=f(x,y)\\ y(x_0)=y_0\end{cases}$，试用泰勒展开原理构造形如$y_{n+1}=\alpha(y_n+y_{n-1})+h(\beta_0f_n+\beta_1f_{n-1})$的两步方法，使其具有二阶精度，并推导其局部截断误差主项。

解 局部截断误差为

$$\begin{aligned}T_{n+1}&=y(x_{n+1})-\alpha[y(x_n)+y(x_{n-1})]-h[\beta_0y'(x_n)+\beta_1y'(x_{n-1})]\\&=y(x_n+h)-\alpha y(x_n)-\alpha y(x_n-h)-h\beta_0y'(x_n)-h\beta_1y'(x_n-h)\\&=y(x_n)+hy'(x_n)+\frac{h^2}{2}y''(x_n)+\frac{h^3}{6}y'''(x_n)+O(h^4)-\alpha y(x_n)\\&\quad-\alpha y(x_n)+\alpha hy'(x_n)-\frac{\alpha h^2}{2}y''(x_n)+\frac{\alpha h^3}{6}y'''(x_n)+O(h^4)\\&\quad-h\beta_0y'(x_n)-h\beta_1y'(x_n)+\beta_1h^2y''(x_n)-\frac{\beta_1h^3}{2}y'''(x_n)+O(h^4)\\&=(1-2\alpha)y(x_n)+(1+\alpha-\beta_0-\beta_1)hy'(x_n)+\left(\frac{1}{2}-\frac{\alpha}{2}+\beta_1\right)h^2y''(x_n)\\&\quad+\left(\frac{1}{6}+\frac{\alpha}{6}-\frac{\beta_1}{2}\right)h^3y'''(x_n)+O(h^4)\end{aligned}$$

令

$$\begin{cases}1-2\alpha=0\\1+\alpha-\beta_0-\beta_1=0\\\dfrac{1}{2}-\dfrac{\alpha}{2}+\beta_1=0\end{cases}$$

解得

$$\alpha=\frac{1}{2},\ \beta_0=\frac{7}{4},\ \beta_1=-\frac{1}{4}$$

此时局部截断误差为

$$T_{n+1}=\frac{3}{8}h^3y'''(x_n)+O(h^4)$$

故所构造的方法为

$$y_{n+1}=\frac{1}{2}(y_n+y_{n-1})+\frac{h}{4}(7f_n-f_{n-1})$$

它是二阶的，局部截断误差主项为$\frac{3}{8}h^3y'''(x_n)$。

4.5.2 Adams 预报校正公式

将四步四阶显式 Adams 公式作为预测公式和二步四阶隐式 Adams 公式作为校正公式，构成 Adams 预测—校正公式

$$y_{n+1}^p=y_n+\frac{h}{24}(55f_n-59f_{n-1}+37f_{n-2}-9f_{n-3})$$

$$y_{n+1}^c=y_n+\frac{h}{24}(9f(x_{n+1},\ y_{n+1}^p)+19f_n-5f_{n-1}+f_{n-2})$$

它们的局部截断误差分别是

$$T_{n+1}^p=y(x_{n+1})-y_{n+1}^p=\frac{251}{720}h^5y^{(5)}(x_n)+O(h^6)$$

$$T_{n+1}^c=y(x_{n+1})-y_{n+1}^c=-\frac{19}{720}h^5y^{(5)}(x_n)+O(h^6)$$

利用外推原理，将上两式作线性组合，消去局部截断误差主项，使计算精度至少提高一阶。同时得到两个修正公式，将它们和上两式组合构成了如下修正的 Adams 预测—校正公式：

预报：$y_{n+1}^p=y_n+\frac{h}{24}(55f_n-59f_{n-1}+37f_{n-2}-9f_{n-3})$

修正：$y_{n+1}^{pm}=y_{n+1}^p+\frac{251}{270}(y_n^c-y_n^p)$

校正：$y_{n+1}^c=y_n+\frac{h}{24}(9f(x_{n+1},\ y_{n+1}^{pm})+19f_n-5f_{n-1}+f_{n-2})$

修正：$y_{n+1}=y_{n+1}^c-\frac{19}{270}(y_n^c-y_n^p)$

根据初值 y_0，用其他单步法(如四阶龙格-库塔方法)来计算 y_1、y_2、y_3，当计算 y_4 时，可取 $y_3^c=y_3^p$。

4.6 收敛性与稳定性

4.6.1 收敛性

收敛性与稳定性从不同角度描述了数值方法的可靠性，只有既收敛又稳定的方法，才能提供比较可靠的计算结果。

差分方法的基本思想是，通过离散化手续，将微分方程转化为差分方程来求解。转化是否合理要看差分方程的解 y_n 在 $h\to0$ 时是否收敛到微分方程的准确值 $y(x_n)$。对于固定的 $x_n=x_0+nh$，如数值解 y_n 在 $h\to0$ 时(同时 $h\to\infty$)，趋向于准确值 $y(x_n)$，则称该方法是收敛的。

可以证明：对于 $y'=f(x, y)$，若 $f(x, y)$在区域$\{a\leqslant x\leqslant b, -\infty<y<+\infty\}$满足李普希兹条件，即存在常数 L，使$|f(x, y_1)-f(x, y_2)|\leqslant L|y_1-y_2|$，$L>0$ 则欧拉方法、改进欧拉方法、四阶龙格-库塔方法及其他单步法都是收敛的。

4.6.2 稳定性

关于收敛性的讨论有个前提，必须假定差分方法的计算过程是准确的。实际计算时，y_0 不一定完全精确，带有一定误差，同时由于计算机的字长限制，产生舍入误差，这些误差都会被传播下去，对以后结果产生影响。所谓稳定性问题，就是指误差的积累是否受到控制的问题。如果计算结果对初值数据的误差及计算过程中误差不敏感，称相应的方法是稳定的，否则称为不稳定。

如果一种差分在节点值 y_n 上产生大小为 δ 的扰动，以后各节点 $y_m(m>n)$上产生的偏差不超过 δ，则该方法是稳定的。稳定性问题比较复杂，为简化讨论，本书仅考察下列方程：

$$y' = \lambda y, \lambda < 0$$

(1) 欧拉方法的稳定性

$$y_{n+1} = y_n + h\lambda y_n = (1+h\lambda)y_n$$

若在 y_n 上有一扰动值 ε_n，它的传播使节点 y_{n+1} 上产生大小为 ε_{n+1} 的扰动值，即

$$y_{n+1} + \varepsilon_{n+1} = (1+h\lambda)(y_n+\varepsilon_n)$$

所以

$$\varepsilon_{n+1} = (1+h\lambda)\varepsilon_n$$

如果要求原差分方程的扰动不增长，即有

$$|1+\lambda h| \leqslant 1$$

所以 $0\leqslant h\leqslant -\dfrac{2}{\lambda}$，因为 $h\neq 0$。

因此欧拉方法是条件稳定的，稳定条件为 $0<h\leqslant -\dfrac{2}{\lambda}$。

(2) 隐式欧拉方法的稳定性

$$y_{n+1} = y_n + h\lambda y_{n+1}$$

该式可化为

$$y_{n+1} = \frac{1}{1-h\lambda}y_n$$

由于 $\lambda<0$，得到$|1-h\lambda|\leqslant 1$ 恒成立，所以隐式欧拉方法是无条件稳定的。

(3) 改进欧拉方法的稳定性

$$\begin{aligned} y_{n+1} &= y_n + \frac{h}{2}[f(x_n, y_n) + f(x_{n+1}, \bar{y}_{n+1})] \\ &= y_n + \frac{h}{2}(\lambda y_n + \lambda \bar{y}_{n+1}) = y_n + \frac{h\lambda}{2}y_n + \frac{h\lambda}{2}(y_n + h\lambda y_n) = \left(1 + h\lambda + \frac{\lambda^2}{2}h^2\right)y_n \end{aligned}$$

稳定性的条件为

$$\left|1 + h\lambda + \frac{\lambda^2}{2}h^2\right| \leqslant 1$$

即 $0<h\leqslant-\frac{2}{\lambda}$。

(4) 梯形法稳定性

$$y_{n+1}=y_n+\frac{h}{2}[f(x_n,y_n)+f(x_{n+1},y_{n+1})]$$

$$=y_n+\frac{h}{2}(\lambda y_n+\lambda y_{n+1})$$

该式可化为

$$y_{n+1}=\frac{2+\lambda h}{2-\lambda h}y_n$$

由于 $\lambda<0$，得到 $\left|\frac{2+\lambda h}{2-\lambda h}\right|\leqslant 1$ 恒成立，梯形方法是无条件稳定。

(5) 四阶龙格-库塔的稳定性

$$K_1=\lambda y_n$$

$$K_2=\lambda\left(y_n+\frac{h}{2}K_1\right)=\left(\lambda+\frac{\lambda^2}{2}h\right)y_n$$

$$K_3=\lambda\left(y_n+\frac{h}{2}K_2\right)=\left(\lambda+\frac{\lambda^2}{2}h+\frac{\lambda^3}{4}h^2\right)y_n$$

$$K_4=\lambda(y_n+hK_3)=\left(\lambda+\lambda^2h+\frac{\lambda^3}{2}h^2+\frac{\lambda^4}{4}h^3\right)y_n$$

所以

$$y_{n+1}=\left(1+\lambda h+\frac{\lambda^2}{2}h^2+\frac{\lambda^3}{6}h^3+\frac{\lambda^4}{24}h^4\right)y_n$$

稳定性条件为

$$\left|1+\lambda h+\frac{\lambda^2}{2}h^2+\frac{\lambda^3}{6}h^3+\frac{\lambda^4}{24}h^4\right|\leqslant 1$$

即 $0<h\leqslant-\frac{2.78}{\lambda}$（近似）。

4.7 方程组与高阶方程的情形

4.7.1 一阶方程组

前面研究了单个方程 $y'=f$ 的差分，只要把 y 和 f 理解为向量，所提供的各种算法可推广到一阶方程组的情形。

比如对于方程组

$$\begin{cases}y'=f(x,y,z) & y(x_0)=y_0\\ z'=g(x,y,z) & z(x_0)=z_0\end{cases}$$

令 $x_{n+1}=x_0+nh$，$n=1,2,\cdots$，以 y_n，z_n 表示节点 x_n 上的近似解，欧拉法为

$$y_{n+1}=y_n+hf(x_n,y_n,z_n)$$

$$z_{n+1} = z_n + hg(x_n, y_n, z_n)$$

其改进的欧拉法为

预报：$\bar{y}_{n+1} = y_n + hf(x_n, y_n, z_n)$

$\bar{z}_{n+1} = z_n + hg(x_n, y_n, z_n)$

校正：$y_{n+1} = y_n + \frac{h}{2}[f(x_n, y_n, z_n) + f(x_{n+1}, \bar{y}_{n+1}, \bar{z}_{n+1})]$

$z_{n+1} = z_n + \frac{h}{2}[g(x_n, y_n, z_n) + g(x_{n+1}, \bar{y}_{n+1}, \bar{z}_{n+1})]$

相应的四阶龙格-库塔法：

$$y_{n+1} = y_n + \frac{h}{6}(K_1 + 2K_2 + 2K_3 + K_4)$$

$$z_{n+1} = z_n + \frac{h}{6}(L_1 + 2L_2 + 2L_3 + L_4)$$

$$K_1 = f(x_n, y_n, z_n)$$

$$L_1 = g(x_n, y_n, z_n)$$

$$K_2 = f\left(x_n + \frac{h}{2}, y_n + \frac{h}{2}K_1, z_n + \frac{h}{2}L_1\right)$$

$$L_2 = g\left(x_n + \frac{h}{2}, y_n + \frac{h}{2}K_1, z_n + \frac{h}{2}L_1\right)$$

$$K_3 = f\left(x_n + \frac{h}{2}, y_n + \frac{h}{2}K_2, z_n + \frac{h}{2}L_2\right)$$

$$L_3 = g\left(x_n + \frac{h}{2}, y_n + \frac{h}{2}K_2, z_n + \frac{h}{2}L_2\right)$$

$$K_4 = f(x_{n+1}, y_n + hK_3, z_n + hL_3)$$

$$L_4 = g(x_{n+1}, y_n + hK_3, z_n + hL_3)$$

例 4.5　给定二阶方程组的初值问题

$$\begin{cases} y' = 3x + 2z & y(0) = 1 \\ z' = 2y + z & z(0) = 1 \end{cases}，取 h = 0.1$$

用改进欧拉法求此问题，计算 $y(0.1)$，$z(0.1)$。

解　预报：$\bar{y}_{n+1} = y_n + hf(x_n, y_n, z_n) = y_n + h(3x_n + 2z_n)$

$\bar{z}_{n+1} = z_n + hg(x_n, y_n, z_n) = z_n + h(2y_n + z_n)$

校正：　$y_{n+1} = y_n + \frac{h}{2}(3x_n + 2z_n + 3x_{n+1} + 2\bar{z}_{n+1})$

$z_{n+1} = z_n + \frac{h}{2}(2y_n + z_n + 2\bar{y}_{n+1} + \bar{z}_{n+1})$

$x_0 = 0$，$y_0 = 1$，$z_0 = 1$，$h = 0.1$，$x_1 = 0.1$

$\bar{y}_1 = y_0 + 0.1(3x_0 + 2z_0) = 1.2$

$\bar{z}_1 = z_0 + 0.1(2y_0 + z_0) = 1.3$

$y(0.1) \approx y_1 = y_0 + \frac{0.1}{2}(3x_0 + 2z_0 + 3x_1 + 2\bar{z}_1) = 1 + 0.05(2 + 0.3 + 2.6) = 1.245$

$z(0.1) \approx z_1 = z_0 + \frac{0.1}{2}(2y_0 + z_0 + 2\bar{y}_1 + \bar{z}_1) = 1 + 0.05(2 + 1 + 2 \times 1.2 + 1.3) = 1.335$

4.7.2 化高阶方程为一阶方程组

关于高阶微分方程的初值问题，原则上总可以归结为一阶方程组来解，比如下列二阶方程的初值问题。

$$y''=f(x,\ y,\ y'),\ y(x_0)=y_0,\ y'(x_0)=y'_0$$

引进新变量 $z=y'$，可以化成一阶方程组初值问题

$$\begin{cases} y'=z & y(x_0)=y_0 \\ z'=f(x,\ y,\ z) & z(x_0)=y'_0 \end{cases}$$

用四阶龙格-库塔法有

$$y_{n+1}=y_n+\frac{h}{6}(K_1+2K_2+2K_3+K_4)$$

$$z_{n+1}=z_n+\frac{h}{6}(L_1+2L_2+2L_3+L_4)$$

$$K_1=z_n$$

$$L_1=f(x_n,\ y_n,\ z_n)$$

$$K_2=z_n+\frac{h}{2}L_1$$

$$L_2=f\left(x_n+\frac{h}{2},\ y_n+\frac{h}{2}K_1,\ z_n+\frac{h}{2}L_1\right)$$

$$K_3=z_n+\frac{h}{2}L_2$$

$$L_3=f\left(x_n+\frac{h}{2},\ y_n+\frac{h}{2}K_2,\ z_n+\frac{h}{2}L_2\right)$$

$$K_4=z_n+hL_3$$

$$L_4=f(x_{n+1},\ y_n+hK_3,\ z_n+hL_3)$$

消去 K_1，K_2，K_3，K_4，上式方法简化为

$$y_{n+1}=y_n+hz_n+\frac{h^2}{6}(L_1+L_2+L_3)$$

$$z_{n+1}=z_n+\frac{h}{6}(L_1+2L_2+2L_3+L_4)$$

$$L_1=f(x_n,\ y_n,\ z_n)$$

$$L_2=f\left(x_n+\frac{h}{2},\ y_n+\frac{h}{2}z_n,\ z_n+\frac{h}{2}L_1\right)$$

$$L_3=f\left(x_n+\frac{h}{2},\ y_n+\frac{h}{2}z_n+\frac{h^2}{4}L_1,\ z_n+\frac{h}{2}L_2\right)$$

$$L_4=f\left(x_{n+1},\ y_n+hz_n+\frac{h^2}{2}L_2,\ z_n+hL_3\right)$$

4.7.3 一点注记

在计算 z_{n+1}时，由于 y_{n+1}已计算出，此时用 y_{n+1}代替 $\bar{y}_{n+1}$会更精确，因此得到改进的公式(Ⅰ)：

$$预报：\bar{y}_{n+1}=y_n+hf(x_n,\ y_n,\ z_n) \quad (4.27)$$

$$\bar{z}_{n+1}=z_n+hg(x_n,\ y_n,\ z_n) \quad (4.28)$$

$$校正：y_{n+1}=y_n+\frac{h}{2}[f(x_n,\ y_n,\ z_n)+f(x_{n+1},\ \bar{y}_{n+1},\ \bar{z}_{n+1})] \quad (4.29)$$

$$z_{n+1}=z_n+\frac{h}{2}[g(x_n,\ y_n,\ z_n)+g(x_{n+1},\ y_{n+1},\ \bar{z}_{n+1})] \quad (4.30)$$

例 4.6　给定二阶方程组的初值问题

$$\begin{cases} y' = 3x + 2z & y(0) = 0 \\ z' = 4y + z & z(0) = 1 \end{cases}，取 h = 0.1$$

用改进欧拉公式计算、本文改进的方法计算和精确值比较如表 4－4 所示，图示如图 4－7 和图4－8 所示。精确解为 $y=\frac{1}{3}(e^{5x}-e^{-x})$，$z=\frac{1}{3}(e^{5x}+2e^{-x})$。从表 4－4 可看出本文改进的方法精度比原来的方法高，但计算量与原来相同。

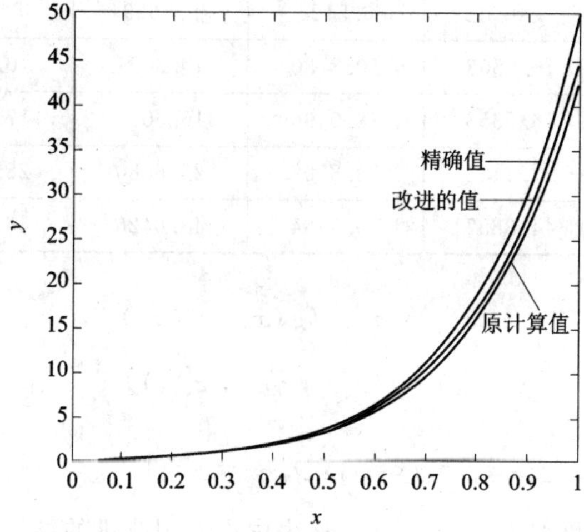

图 4－7　y 数值比较图

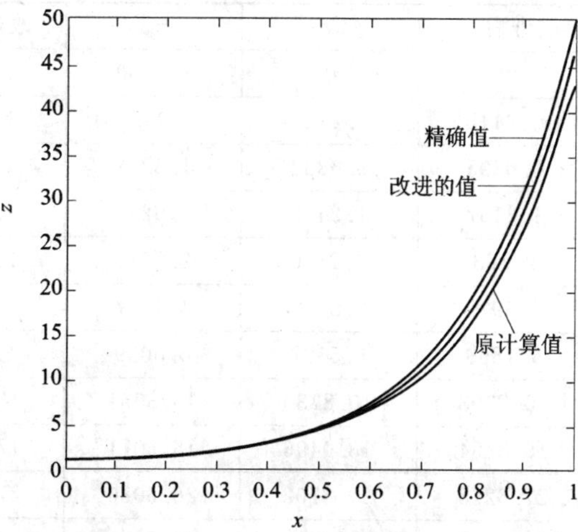

图 4－8　z 数值比较图

在运用改进欧拉公式时，一般先计算 y_{n+1}，然后再计算 z_{n+1}，其实次序可以改变，先计算 z_{n+1}，然后再计算 y_{n+1}，这样得到如下改进公式(Ⅱ)：

预报：$\bar{y}_{n+1}=y_n+hf(x_n, y_n, z_n)$ (4.31)

表 4-4 改进欧拉公式、本文改进的方法(Ⅰ)和精确值的结果比较

x_n	y_n	改进后 y_n	$y(x_n)$	z_n	改进后 z_n	$z(x_n)$
0	0	0	0	1.0000	1.0000	1.0000
0.1	0.2400	0.2400	0.2480	1.1450	1.1530	1.1528
0.2	0.6072	0.6091	0.6332	1.4262	1.4487	1.4519
0.3	1.1833	1.191	1.2470	1.9245	1.9731	1.9878
0.4	2.1007	2.1235	2.2396	2.7715	2.8670	2.9099
0.5	3.5746	3.6292	3.8587	4.1817	4.3611	4.4652
0.6	5.9545	6.0730	6.5122	6.5039	6.8320	7.0611
0.7	9.8079	10.0508	10.8730	10.3051	10.8956	11.3695
0.8	16.0571	16.5353	18.0496	16.5071	17.5579	18.4989
0.9	26.2008	27.1153	29.8702	26.6080	28.4623	30.2768
1.0	42.6741	44.3857	49.3484	43.0426	46.2934	49.7163

$$\bar{z}_{n+1}=z_n+hg(x_n, y_n, z_n) \tag{4.32}$$

校正：$z_{n+1}=z_n+\frac{h}{2}[g(x_n, y_n, z_n)+g(x_{n+1}, \bar{y}_{n+1}, \bar{z}_{n+1})]$ (4.33)

$$y_{n+1}=y_n+\frac{h}{2}[f(x_n, y_n, z_n)+f(x_{n+1}, \bar{y}_{n+1}, \bar{z}_{n+1})] \tag{4.34}$$

计算上面例子的结果如表 4-5 所示，从表中也发现改进的结果比较精确。

表 4-5 改进欧拉公式、本文改进的方法(Ⅱ)和精确值的结果比较

x_n	y_n	改进后 y_n	$y(x_n)$	z_n	改进后 z_n	$z(x_n)$
0	0	0	0	1.0000	1.0000	1.0000
0.1	0.2400	0.2445	0.2480	1.1450	1.1450	1.1528
0.2	0.6072	0.6205	0.6332	1.4262	1.4284	1.4519
0.3	1.1833	1.2137	1.2470	1.9245	1.9334	1.9878
0.4	2.1007	2.163	2.2396	2.7715	2.7963	2.9099
0.5	3.5746	3.6972	3.8587	4.1817	4.2401	4.4652
0.6	5.9545	6.1869	6.5122	6.5039	6.6296	7.0611
0.7	9.8079	10.2393	10.8730	10.3051	10.5606	11.3695
0.8	16.0571	16.8454	18.0496	16.5071	17.0067	18.4989
0.9	26.2008	27.6238	29.8702	26.6080	27.5585	30.2768
1.0	42.6741	45.2179	49.3484	43.0426	44.8139	49.7163

4.8　实例——捕食者和被捕食者模型

洛特卡-沃尔泰拉(Lotka-Volterra)捕食者和被捕食者模型为

$$\begin{cases} \dfrac{dy_1}{dt} = y_1 - \alpha y_1 y_2 \\ \dfrac{dy_2}{dt} = -y_2 + \beta y_1 y_2 \end{cases}$$

y_1，y_2 分别表示被捕食者和捕食者两种动物的数量，如 y_1 表示野兔的数量，y_2 表示狐狸的数量。假设狐狸只是以野兔为食物。如 $\alpha=0.01$，$\beta=0.02$，$y_1(0)=20$，$y_2(0)=20$ 时，采用四阶龙格-库塔法求解此微分方程组，y_1，y_2 随时间变化关系如图 4-9 所示，y_1，y_2 之间的关系如图 4-10 所示。

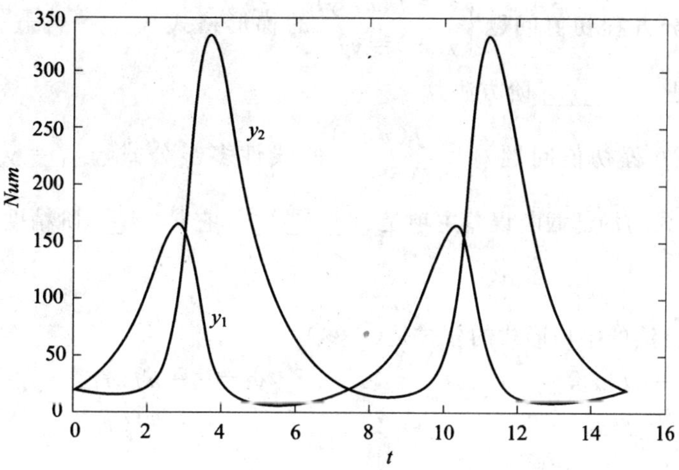

图 4-9　y_1，y_2 随时间变化的关系

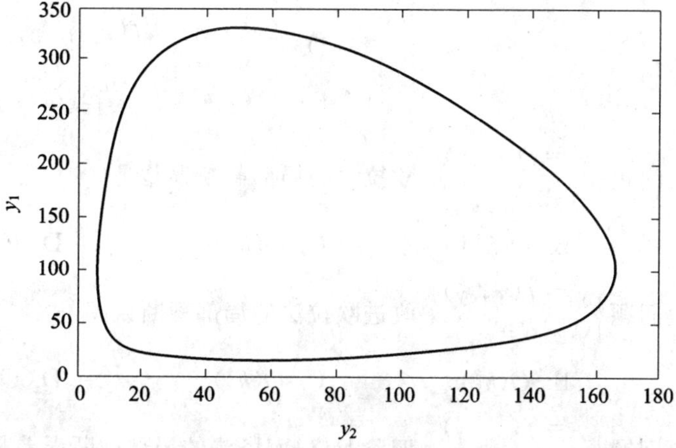

图 4-10　y_1，y_2 之间的关系

习 题 四

一、填空题

(1) 取步长 $h=0.1$，用欧拉法求解初值问题 $\begin{cases} y'=\dfrac{y}{x^2}+y \\ y(1)=1 \end{cases}$ 的计算公式是________。

(2) 改进欧拉公式是

$$\begin{cases} \text{预报值} & \bar{y}_{k+1}=y_k+\underline{\qquad\qquad} \\ \text{校正值} & y_{k+1}=y_k+\dfrac{h}{2}[\underline{\qquad\qquad}] \end{cases}$$

(3) 解常微分方程初值问题 $\begin{cases} y'=f(x,y) \\ y(x_0)=y_0 \end{cases}$ 的梯形格式 $y_{n+1}=y_n+\dfrac{h}{2}[f(x_n,y_n)+f(x_{n+1},y_{n+1})]$ 是__________阶方法。

(4) 常微分方程初值问题 $\begin{cases} y'=f(x,y) \\ y(x_0)=y_0 \end{cases}$ 的线性多步公式 $y_{n+1}=y_{n-1}+4hf(x_{n-1},y_{n-1})$，该多步公式的局部截断误差主项是__________，它是______阶精度的。

二、选择题

(1) 改进欧拉法的平均形式的公式是(　　)

A. $\begin{cases} y_p=y_k+hf(x_k,y_k) \\ y_c=y_k+hf(x_k,y_p) \\ y_{k+1}=\dfrac{1}{2}(y_p+y_c) \end{cases}$

B. $\begin{cases} y_p=y_k+hf(x_{k+1},y_k) \\ y_c=y_k+hf(x_{k+1},y_p) \\ y_{k+1}=\dfrac{1}{2}(y_p+y_c) \end{cases}$

C. $\begin{cases} y_p=y_k+hf(x_k,y_k) \\ y_c=y_k+hf(x_{k+1},y_p) \\ y_{k+1}=\dfrac{h}{2}(y_p+y_c) \end{cases}$

D. $\begin{cases} y_p=y_k+hf(x_k,y_k) \\ y_c=y_k+hf(x_{k+1},y_p) \\ y_{k+1}=\dfrac{1}{2}(y_p+y_c) \end{cases}$

(2) 求解初值问题 $\begin{cases} y'=f(x,y) \\ y(x_0)=y_0 \end{cases}$，欧拉法的局部截断误差是(　　)。

A. $O(h^2)$　　B. $O(h^3)$　　C. $O(h^4)$　　D. $O(h^5)$

(3) 求解初值问题 $\begin{cases} y'=f(x,y) \\ y(x_0)=y_0 \end{cases}$，改进欧拉法的局部截断误差是(　　)。

A. $O(h^2)$　　B. $O(h^3)$　　C. $O(h^4)$　　D. $O(h^5)$

(4) 求解初值问题 $\begin{cases} y'=f(x,y) \\ y(x_0)=y_0 \end{cases}$，四阶龙格-库塔法的局部截断误差是(　　)。

A. $O(h^2)$　　B. $O(h^3)$　　C. $O(h^4)$　　D. $O(h^5)$

三、计算题与证明题

(1) 对于初值问题$\begin{cases} y'=xy \\ y(0)=1 \end{cases}$，$h=0.2$，试用(1)欧拉方法；(2)改进欧拉方法；(3)四阶龙格-库塔方法，分别计算 $y(0.2)$，$y(0.4)$的近似值。

(2) 证明隐式欧拉公式是一阶方法。

(3) 求解初值问题 $y'=ax+b$，$y(0)=0$，试证明：

① 用欧拉方法求解，$y(x_n)-y_n=\frac{1}{2}ahx_n$；

② 用改进欧拉方法求解，$y(x_n)=y_n$。

(4) 设有常微分方程的初值问题$\begin{cases} y'=f(x, y) \\ y(x_0)=y_0 \end{cases}$，用泰勒展开原理构造形如 $y_{n+1}=\alpha_0 y_n+\alpha_1 y_{n-1}+h\beta_1 f_{n-1}$的差分公式，试确定 α_0、α_1 和 β_1，使它具有尽可能高的精度，并求出局部截断误差。

(5) 设有常微分方程的初值问题$\begin{cases} y'=f(x, y) \\ y(x_0)=y_0 \end{cases}$，试用泰勒展开原理构造形如 $y_{n+1}=\alpha(y_n+y_{n-1})+h(\beta_0 f_n+\beta_1 f_{n-1})$的两步方法，使得它具有二阶精度，并推导其局部截断误差主项。

(6) 讨论中点方法：$\begin{cases} y_{n+1}=y_n+hK_2 \\ K_1=f(x_n, y_n) \\ K_2=f\left(x_n+\frac{h}{2}, y_n+\frac{h}{2}K_1\right) \end{cases}$ 的稳定性。

(7) 假设降落伞受到空气的阻力与速度的平方成正比，则下落的速度计算如下：$\frac{dv}{dt}=g-\frac{c_d}{m}v^2$，其中重力加速度为 $g=9.8\ m/s^2$，降落伞的质量为 $m=90\ kg$，降落伞的阻力系数 $c_d=0.225\ kg/m$，假设初始高度为 1 km，试确定降落伞经过多长时间落地。

第5章 有限元法

教学目标 了解二次泛函极值问题和两点边值问题的意义与概念，理解求解两点边值问题的瑞兹-伽略金法，了解基于虚功原理和极小位能原理的有限元方法的思想，熟练掌握一维边值问题的线性元解法。

在数学物理理论和实际工程应用中往往遇到边值问题，即给出了积分曲线首末两端性态的定解微分方程。求解边值问题的方法主要有有限元法和差分法，本章介绍有限元法。有限元法实质上就是瑞兹-伽略金法，它和瑞兹-伽略金法的区别是采用了通过样条函数选取局部基函数的方法，从而克服了传统的瑞兹-伽略金法在基函数选取上的困难。目前，有限元法已经广泛应用于数学、力学以及很多工程科学当中，成为一种求解微分方程的有效数值方法。

边值问题的有限元法求解过程分为以下部分：将边值问题转化为变分形式；对求解区域作剖分，对于一维的情况也就是区间分段；构造基函数；形成有限元方程并求解。

5.1 边值问题的变分形式

5.1.1 二次泛函的极值

首先，我们引入向量和矩阵的记号

$$\boldsymbol{x}=(x_1, x_2, \cdots, x_n)^{\mathrm{T}}$$

$$\boldsymbol{b}=(b_1, b_2, \cdots, b_n)^{\mathrm{T}}$$

$$\boldsymbol{A}=\begin{bmatrix} a_{11} & a_{12} & \cdots & a_{1n} \\ a_{21} & a_{22} & \cdots & a_{2n} \\ \vdots & \vdots & & \vdots \\ a_{n1} & a_{n2} & \cdots & a_{nn} \end{bmatrix}$$

考虑 n 个变量的二次函数

$$F(x)=F(x_1, x_2, \cdots, x_n)=\sum_{i,j=1}^{n} a_{ij}x_i x_j-\sum_{i=1}^{n} b_i x_i=(\boldsymbol{Ax}, \boldsymbol{x})-(\boldsymbol{b}, \boldsymbol{x})$$

在 $x_0=(x_1^{(0)}, x_2^{(0)}, \cdots, x_n^{(0)})^{\mathrm{T}}$ 取极值的必要条件是

$$\frac{\partial F(x_1^{(0)}, x_2^{(0)}, \cdots, x_n^{(0)})}{\partial x_k}=0$$

即

$$\sum_{i=1}^{n}(a_{ik}+a_{ki})x_i^{(0)}-b_k=0, \quad 其中\ k=1, 2, \cdots, n$$

如果 $\boldsymbol{A}$ 是对称矩阵，即 $a_{ik}=a_{ki}$，则上式化为

$$2\sum_{i=1}^{n}a_{ki}x_i^{(0)}-b_k=0, k=1, 2, \cdots, n$$

若令

$$J(x)=\frac{1}{2}(\boldsymbol{Ax}, \boldsymbol{x})-(\boldsymbol{b}, \boldsymbol{x}) \tag{5.1}$$

则 $J(\boldsymbol{x})$ 在 x_0 取极值的必要条件是 x_0 是线性代数方程组 $\boldsymbol{Ax}=\boldsymbol{b}$ 的解。

下面考虑实变量 λ 的二次函数

$$\begin{aligned}\varphi(\lambda)&=J(x_0+\lambda\boldsymbol{x})\\&=J(x_0)+\frac{\lambda}{2}[(Ax_0, x)+(Ax, x_0)-2(b, x)]+\frac{\lambda^2}{2}(Ax, x)\end{aligned}$$

因为 $\boldsymbol{A}$ 是对称矩阵，则

$$\varphi(\lambda)=J(x_0)+\lambda(\boldsymbol{Ax}_0-\boldsymbol{b}, \boldsymbol{x})+\frac{\lambda^2}{2}(\boldsymbol{Ax}, \boldsymbol{x}) \tag{5.2}$$

因为 $J'(x_0)=0$，即对于任意 $\boldsymbol{x}$

$$\varphi'(0)=(\boldsymbol{Ax}_0-\boldsymbol{b}, \boldsymbol{x})=0$$

即 $\boldsymbol{Ax}_0-\boldsymbol{b}=\boldsymbol{0}$，$x_0$ 是 $\boldsymbol{Ax}=\boldsymbol{b}$ 的解。

因为 $J(x)$ 在 x_0 取极小值，所以

$$\varphi''(0)=(\boldsymbol{Ax}, \boldsymbol{x})>0$$

所以 $\boldsymbol{A}$ 是正定矩阵。

反之，设 $\boldsymbol{A}$ 是正定矩阵，x_0 是 $\boldsymbol{Ax}=\boldsymbol{b}$ 的解，即 $\boldsymbol{A}x_0-\boldsymbol{b}=\boldsymbol{0}$，则由式(5.2)可得

$$\begin{aligned}\varphi(\lambda)&=J(x_0)+\frac{\lambda^2}{2}(\boldsymbol{Ax}, \boldsymbol{x})\\&=\varphi(0)+\frac{\lambda^2}{2}(\boldsymbol{Ax}, \boldsymbol{x})>\varphi(0)\end{aligned}$$

其中 $\lambda\neq0$，$x\neq0$。即 $J(x)$ 在 x_0 取极小值。由此可得到如下结论：当矩阵 $\boldsymbol{A}$ 对称正定时，二次函数 $J(x)$ 的极小值和线性代数方程组 $\boldsymbol{Ax}=\boldsymbol{b}$ 的解是一样的。

$J(x)$ 是定义在空间 R^n 上的二次函数，称为 R^n 上的二次泛函。

5.1.2 边值问题转化为变分问题

本章所讨论的两点边值问题为下列形式：

$$\begin{cases}Lu=-\dfrac{\mathrm{d}}{\mathrm{d}x}\left(p\dfrac{\mathrm{d}u}{\mathrm{d}x}\right)+qu=f, x\in(a, b)\\u(a)=0, u'(b)=0\end{cases} \tag{5.3}$$

其中 $p(x)>0$ 且是$[a, b]$上一次连续可导函数，$q(x)\geqslant0$ 且是$[a, b]$上的连续函数，$f(x)$

是(a, b)上的平方可积函数。

对于边值问题式(5.3)的求法，有两种思路：一种基于极小位能原理，另一种基于虚功原理。

1. 基于极小位能原理

构造二次泛函

$$J(u)=\frac{1}{2}(Lu, u)-(f, u)=-\frac{1}{2}\int_a^b \frac{\mathrm{d}}{\mathrm{d}x}\left(p\frac{\mathrm{d}u}{\mathrm{d}x}\right)u\,\mathrm{d}x+\frac{1}{2}\int_a^b qu^2\,\mathrm{d}x-\int_a^b fu\,\mathrm{d}x$$

其中

$$-\int_a^b \frac{\mathrm{d}}{\mathrm{d}x}\left(p\frac{\mathrm{d}u}{\mathrm{d}x}\right)u\,\mathrm{d}x=-p\frac{\mathrm{d}u}{\mathrm{d}x}u\Big|_a^b+\int_a^b p\left(\frac{\mathrm{d}u}{\mathrm{d}x}\right)^2\mathrm{d}x=\int_a^b p\left(\frac{\mathrm{d}u}{\mathrm{d}x}\right)^2\mathrm{d}x$$

令

$$a(u, v)=\int_a^b\left(p\frac{\mathrm{d}u}{\mathrm{d}x}\frac{\mathrm{d}v}{\mathrm{d}x}+quv\right)\mathrm{d}x$$

得

$$J(u)=\frac{1}{2}a(u, u)-(f, u)$$

设 H 为所有平方可积且一阶导数平方可积的函数中满足左边值条件 $u(a)=0$ 的函数组成的集合，则边值问题式(5.3)的变分问题为：求 $u^*\in H$，使 $J(u^*)=\min\limits_{u\in H}J(u)$。

$a(u, v)$是双线性的，称为双线性泛函，即

$$a(c_1u_1+c_2u_2, v)=c_1a(u_1, v)+c_2a(u_2, v)$$
$$a(u, c_1v_1+c_2v_2)=c_1a(u, v_1)+c_2a(u, v_2)$$

而且 $a(u, v)$是对称的，即 $a(u, v)=a(v, u)$，而 $a(u, v)$的对称性是由微分算子 L 决定的。可以证明，微分算子 L 是对称正定的。

和前面一样，我们通过实变量 λ 的函数 $\varphi(\lambda)$ 考察 $J(u)$的极小值问题。任取 $v\in H$，考虑实变量 λ 的函数。

$$\begin{aligned}\varphi(\lambda)&=J(u^*+\lambda v)\\&=\frac{1}{2}a(u^*+\lambda v, u^*+\lambda v)-(f, u^*+\lambda v)\\&=\frac{1}{2}a(u^*, u^*)+\frac{\lambda}{2}[a(u^*, v)+a(v, u^*)]+\frac{\lambda^2}{2}a(v, v)-(f, u^*)-\lambda(f, v)\\&=J(u^*)+\lambda[a(u^*, v)-(f, v)]+\frac{\lambda^2}{2}a(v, v)\end{aligned}$$

下面引入极小位能原理：

定理 5.1(极小位能原理) 设 f 是(a, b)上的连续函数，u^* 是二次连续可导函数，如果 u^* 是边值问题式(5.3)的解，则 u^* 使 $J(u)$达到极小值；反之，若 H 中的二次连续可导函数 u^* 使$J(u)$达到极小值，则 u^* 是边值问题式(5.3)的解。

证明 $$a(u^*, v)-(f, v)=\int_a^b\left(p\frac{\mathrm{d}u^*}{\mathrm{d}x}\frac{\mathrm{d}v}{\mathrm{d}x}+qu^*v-fv\right)\mathrm{d}x$$

$$=p\frac{\mathrm{d}u^*}{\mathrm{d}x}v\Big|_a^b+\int_a^b\left[-\frac{\mathrm{d}}{\mathrm{d}x}\left(p\frac{\mathrm{d}u^*}{\mathrm{d}x}\right)+qu^*-f\right]v\,\mathrm{d}x$$

$$=\int_a^b(\mathrm{L}u^*-f)v\mathrm{d}x+p(b)u^{*\prime}(b)v(b)$$

如果 u^* 是边值问题式(5.3)的解，则 $\mathrm{L}u^*-f=0$，$u^{*\prime}(b)=0$，因此对任意 $v\in H$，

$$\varphi'(0)=a(u^*,v)-(f,v)=0$$

所以

$$J(u^*+\lambda v)=J(u^*)+\frac{\lambda^2}{2}a(v,v)>J(u^*)$$

即 u^* 使 $J(u)$ 达到极小值。

反之，若 u^* 使 $J(u)$ 达到极小值，则对任意 $v\in H$，

$$\varphi'(0)=a(u^*,v)-(f,v)=\int_a^b(\mathrm{L}u^*-f)v\mathrm{d}x+p(b)u^{*\prime}(b)v(b)=0$$

若 $u^{*\prime}(b)=0$，则

$$\int_a^b(\mathrm{L}u^*-f)v\mathrm{d}x=0$$

根据变分法基本原理

$$\mathrm{L}u^*-f=0$$

定理得证。

以上我们对二次连续可微解 u^*（又称古典解）建立了边值问题和变分问题的等价性，但应用中常涉及非二次连续可微的曲线，甚至是在某些点上不可微的分段连续可微函数，即只有一阶导数。在实际应用中此类 $J(u)$ 也有意义。因此变分问题允许非光滑解，我们称之为边值问题的广义解。简言之，古典解就是二次连续可微的广义解。

2. 基于虚功原理

微分方程两端同时乘以 v，并在 $[a,b]$ 区间积分，得

$$\int_a^b(\mathrm{L}u-f)v\mathrm{d}x=\int_a^b\left[-\frac{\mathrm{d}}{\mathrm{d}x}\left(p\frac{\mathrm{d}u}{\mathrm{d}x}\right)v+quv-fv\right]\mathrm{d}x=0$$

其中

$$-\int_a^b\frac{\mathrm{d}}{\mathrm{d}x}\left(p\frac{\mathrm{d}u}{\mathrm{d}x}\right)v\mathrm{d}x=-p\frac{\mathrm{d}u}{\mathrm{d}x}v\Big|_a^b+\int_a^b p\frac{\mathrm{d}u}{\mathrm{d}x}\frac{\mathrm{d}v}{\mathrm{d}x}\mathrm{d}x=\int_a^b p\frac{\mathrm{d}u}{\mathrm{d}x}\frac{\mathrm{d}v}{\mathrm{d}x}\mathrm{d}x$$

将其代入上式，得

$$\int_a^b\left(p\frac{\mathrm{d}u}{\mathrm{d}x}\frac{\mathrm{d}v}{\mathrm{d}x}+quv-fv\right)\mathrm{d}x=0$$

即

$$a(u,v)-(f,v)=0 \tag{5.4}$$

由此可以看出，当 $u\in H$ 二次连续可导，且 $v\in H$ 时，上述变分形式可化为

$$a(u,v)-(f,v)=\int_a^b(\mathrm{L}u-f)v\mathrm{d}x+p(b)u'(b)v(b)$$

若 u 是边值问题式(5.3)的解，则 u 满足上述变分形式；反之，若对任意 $v\in H$，$u\in H$ 满足上述变分形式，则 u 是边值问题式(5.3)的解。由此我们得出以下结论定理：

定理 5.2**(虚功原理)** 设 u 是二次连续可导函数，则 u 是边值问题式(5.3)的解的充要条件是，$u\in H$ 且对任意 $v\in H$，满足变分方程 $a(u,v)-(f,v)=0$。

因为上述定理的推导过程中，方程算子不需对称，所以上述定理可直接推广为：

定理 5.3 设 u 是二次连续可导函数，则 u 是边值问题式(5.3)的解的充要条件是，$u\in H$，且对于任意 $v\in H$，u 满足变分方程

$$a(u,\ v)-(f,\ v)=0 \tag{5.5}$$

其中 $a(u,\ v)=\int_a^b\left(p\dfrac{\mathrm{d}u}{\mathrm{d}x}\dfrac{\mathrm{d}v}{\mathrm{d}x}+r\dfrac{\mathrm{d}u}{\mathrm{d}x}v+quv\right)\mathrm{d}x$。

5.2 瑞兹-伽略金方法

前面我们讨论了如何将边值问题转化为变分问题，下面讨论如何求解变分问题。一般情况下，无法求得变分问题的精确解，因此需要使用函数逼近，得出近似解。

我们知道任何函数都可精确表示为无穷多个基函数的线性组合的形式，在这里，我们用有限个基函数的线性组合近似精确解。设 $\varphi_1,\ \varphi_2,\ \cdots,\ \varphi_n$ 是一组基函数。由这些基函数的线性组合可得到的函数集合记为 V_n，其中某元素 u_n 表示为

$$u_n=\sum_{i=1}^{n}c_i\varphi_i$$

瑞兹法的目标是选取系数 c_i，使二次泛函 $J(u_n)$ 取极小值

$$J(u_n)=\frac{1}{2}a(u_n,\ u_n)-(f,\ u_n)=\frac{1}{2}\sum_{j=1}^{n}\sum_{i=1}^{n}c_ic_ja(\varphi_i,\ \varphi_j)-\sum_{j=1}^{n}c_j(f,\ \varphi_j)$$

这是 $c_1,\ c_2,\ \cdots,\ c_n$ 的二次函数，其中 $a(\varphi_i,\ \varphi_j)=a(\varphi_j,\ \varphi_i)$。令

$$\frac{\partial J(u_n)}{\partial c_j}=0$$

得线性代数方程组

$$\sum_{i=1}^{n}a(\varphi_i,\ \varphi_j)c_i=(f,\ \varphi_j),\ j=1,\ 2,\ \cdots,\ n \tag{5.6}$$

求出 c_i，就得到近似解 u_n。

伽略金方法是要求系数 c_i 使 u_n 对任意 $v\in V_n$ 满足

$$a(u_n,\ v)-(f,\ v)=0$$

或

$$\sum_{i=1}^{n}a(\varphi_i,\ \varphi_j)c_i=(f,\ \varphi_j),\ j=1,\ 2,\ \cdots$$

因为瑞兹法和伽略金法导出的线性方程组相同，因此称该方程组为瑞兹-伽略金方法。需要指出的是，瑞兹法需要先把边值问题化为等价的变分问题，而伽略金法不依赖于变分问题，所以当且仅当 $a(u,\ v)$ 对称正定时，瑞兹法才适用，对于 $a(u,\ v)$ 非对称正定的情况，只能采用伽略金法。

例 5.1 用瑞兹-伽略金方法求解边值问题

$$\begin{cases}u''+u=-x,\ 0<x<1\\ u(0)=0,\ u(1)=0\end{cases}$$

解 取 $\varphi_i(x)=x(b-x)x^{i-1}$，将 u_n 表示成

$$u_n = \sum_{i=1}^{n} c_i \varphi_i = x(1-x)(c_1 + c_2 x + \cdots + c_n x^{n-1})$$

令 $n=1$，得 $u_1 = c_1 x(1-x)$，由变分问题得

$$c_1 \int_0^1 (\varphi_1'' + \varphi_1)\varphi_1 \mathrm{d}x = \int_0^1 -x^2(1-x)\mathrm{d}x$$

可得

$$c_1 = \frac{5}{18},\ u_1 = \frac{5}{18}x(1-x)$$

再令 $n=2$，得 $u_2 = c_1 x(1-x) + c_2 x^2(1-x)$，由变分问题得

$$\begin{cases} -\dfrac{3}{10}c_1 - \dfrac{3}{20}c_2 = -\dfrac{1}{12} \\ -\dfrac{3}{20}c_1 - \dfrac{13}{105}c_2 = -\dfrac{1}{20} \end{cases}$$

解之可得 $c_1 = \frac{71}{369}$，$c_2 = \frac{7}{41}$，因此得到

$$u_2 = x(1-x)\left(\frac{71}{369} + \frac{7}{41}x\right)$$

该边值问题的精确解为

$$u^* = \frac{\sin x}{\sin 1} - x$$

表 5-1 列出了 u_1，u_2，u^* 在 $x = \frac{1}{4}$，$\frac{1}{2}$，$\frac{3}{4}$ 的函数值。

表 5-1　不同情况下 u_1、u_2、u^* 的值

x	u^*	u_1	u_2
$\frac{1}{4}$	0.044	0.052	0.044
$\frac{1}{2}$	0.070	0.069	0.069
$\frac{3}{4}$	0.060	0.052	0.060

注：根据右端常数项可以将边值条件分为齐次边值条件和非齐次边值条件，如 $u(a)=0$ 为齐次边值条件，$u(a)=d$，$d \neq 0$ 为非齐次边值条件；根据左端的形式可以将边值条件分为第一类边值条件、第二类边值条件和第三类边值条件，如 $u(a)=d$ 为第一类边值条件，$u'(a)=d$ 为第二类边值条件，$\alpha u(a) + \beta u'(a) = d$ 为第三类边值条件，相应的边值问题称为第一边值问题、第二边值问题和第三边值问题。其中第一边值条件又称本质边值条件，第二边值条件和第三边值条件又称自然边值条件。对于非齐次本质边值条件 $u(a)=d_1$，可设

$$u_n(x) = d_1 \varphi_0(x) + \sum_{i=1}^{n} c_i \varphi_i(x)$$

其中 $\varphi_0(x)$ 是满足 $\varphi_0(a)=1$ 的任意函数，相应的瑞兹-伽略金方程变为

$$\sum_{i=1}^{n} c_i a(\varphi_i, \varphi_j) = (f, \varphi_j) - a(d_1\varphi_0, \varphi_j) \tag{5.7}$$

对于非齐次的第二边值条件 $u'(b)=d_2$，则只需保留极小位能原理证明过程中的常数项 $p(b)u'(b)u(b)$，相应的瑞兹-伽略金方程变为

$$\sum_{i=1}^{n} c_i a(\varphi_i, \varphi_j) = (f, \varphi_j) + p(b)d_2\varphi_j(b) \tag{5.8}$$

对于第三类边值条件，为方便计算，设形式为

$$\begin{cases} u(a) = d_1 \\ \alpha u(b) + p(b)u'(b) = d_2 \end{cases}$$

以任意 $v(x)\in H$ 乘以方程两端，并对 x 在 (a, b) 上积分，利用分部积分得到

$$-p(x)u'(x)v(x)\big|_{x=a}^{x=b} + \int_a^b p(x)u'(x)v'(x)\mathrm{d}x + \int_a^b q(x)u(x)v(x)\mathrm{d}x = \int_a^b f(x)v(x)\mathrm{d}x$$

将右边值条件两端同乘以 $v(b)$，得

$$p(b)u'(b)v(b) = d_2v(b) - \alpha u(b)v(b)$$

代入上式，得

$$\int_a^b p(x)u'(x)v'(x)\mathrm{d}x + \int_a^b q(x)u(x)v(x)\mathrm{d}x + \alpha u(b)v(b) = \int_a^b f(x)v(x)\mathrm{d}x + d_2v(b)$$

即

$$a(u, v) = (f, v) + d_2v(b) - \alpha u(b)v(b)$$

相应的瑞兹-伽略金方程为

$$\sum_{i=1}^{n} c_i a(\varphi_i, \varphi_j) = (f, \varphi_j) + d_2\varphi_j(b) - \alpha\sum_{i=1}^{n}\varphi_i(b)\varphi_j(b) \tag{5.9}$$

对于下列第三边值条件所对应的第三边值问题，相应的变分问题的二次泛函和瑞兹-伽略金方程的推导，作为课后习题，由学生们自行完成：

$$\begin{cases} \alpha_1 u(a) - \beta_1 u'(a) = d_1 \\ \alpha_2 u(b) + \beta_2 u'(b) = d_2 \end{cases}$$

其中 α_1，$\alpha_2\geqslant 0$ 且不同时为零，β_1，$\beta_2>0$。

5.3 有限元法

上述瑞兹-伽略金方法将求解微分方程问题转化成了求解线性方程组问题。随着基函数的个数的增加，近似解 $u_n(x)$ 也不断逼近精确解 $u^*(x)$，当 n 趋于无穷大时，所得到的解就是精确解 $u^*(x)$。利用瑞兹-伽略金方法得到的线性代数方程组的系数矩阵是一个稠密而且病态的矩阵，求解过程所需要的计算量和所占用的内存空间相当大，因此难以使用数值方法求解。另外，以多项式基为例，由插值方法可知，当基函数较多，多项式的次数较高时，龙格现象明显，从而难以很好地逼近精确解 $u^*(x)$，于是产生很大误差。为了克服这些缺点，可以选择支撑域足够小的一系列函数作为基函数，而且只有相邻两个基函数的支撑域有重合，这样由积分得到的线性方程组的大部分元素为零，也就可以解决上面的问题了。这就是我们下面将要介绍的有限单元法，简称有限元法。本书仅讨论求解一维问题

的线性元。

考虑两点边值问题

$$\begin{cases} Lu = -\dfrac{\mathrm{d}}{\mathrm{d}x}\left(p\dfrac{\mathrm{d}u}{\mathrm{d}x}\right) + qu = f, \ a < x < b \\ u(a) = 0, \ u'(b) = 0 \end{cases}$$

根据前面介绍的瑞兹-伽略金法，在变分过程中，可以从瑞兹法和伽略金法两种方法得出上式的有限元方程。

5.3.1 从瑞兹法出发进行推导

首先对求解区间进行网格剖分，各节点为

$$a = x_0 < x_1 < \cdots < x_i < \cdots < x_n = b$$

每个小区间 $I_i = [x_{i-1}, x_i]$ 称为单元，单元长度为 $h_i = x_i - x_{i-1}$。

最简单的情况，可用 $[a, b]$ 上的一次分段函数近似微分方程的解，该一次分段函数由节点上的一组值 $u_0 = 0, u_1, u_2, \cdots, u_n$ 通过线性插值公式

$$u_h(x) = \frac{x_i - x}{h_i}u_{i-1} + \frac{x - x_{i-1}}{h_i}u_i, \ x \in I_i, \ i = 1, 2, \cdots, n$$

得到，如图 5-1 所示。

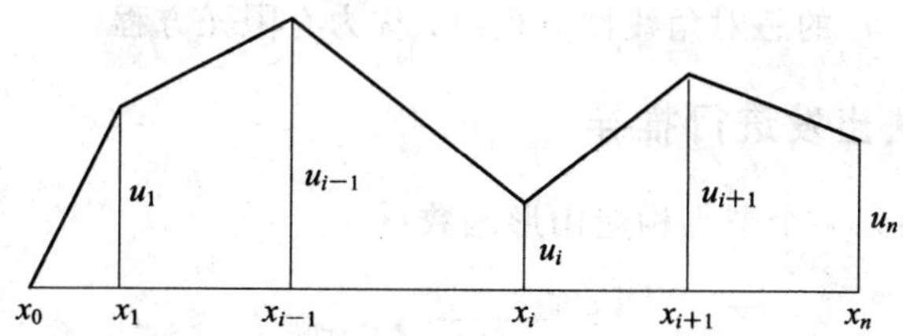

图 5-1　分段线性插值

为了方便以后的计算，通常用仿射变换

$$\xi = F_i(x) = \frac{x - x_{i-1}}{h_i}$$

将 I_i 变为 ξ 轴上的参考单元 $[0, 1]$。令

$$N_0(\xi) = 1 - \xi, \ N_1(\xi) = \xi$$

得

$$u_h(x) = N_0(\xi)u_{i-1} + N_1(\xi)u_i, \ x \in I_i, \ i = 1, 2, \cdots, n$$

将上式代入泛函

$$J(u) = \frac{1}{2}\int_a^b (pu'^2 + qu^2 - 2fu)\mathrm{d}x$$

得

$$\begin{aligned} J(u_h) &= \frac{1}{2}\int_a^b (pu_h'^2 + qu_h^2 - 2fu_h)\mathrm{d}x \\ &= \frac{1}{2}\sum_{i=1}^n \int_{I_i} [pu_h'^2 + qu_h^2]\mathrm{d}x - \sum_{i=1}^n \int_{I_i} fu_h \mathrm{d}x \end{aligned}$$

利用仿射变换，得

$$J(u_h)=\frac{1}{2}\sum_{i=1}^{n}\int_0^1\left[p(x_{i-1}+h_i\xi)\frac{(u_i-u_{i-1})^2}{h_i}+h_iq(x_{i-1}+h_i\xi)(N_0(\xi)u_{i-1}+N_1(\xi)u_i)^2\right]\mathrm{d}\xi$$

$$-\sum_{i=1}^{n}h_i\int_0^1 f(x_{i-1}+h_i\xi)(N_0(\xi)u_{i-1}+N_1(\xi)u_i)\mathrm{d}\xi$$

令

$$\frac{\partial J(u_h)}{\partial u_j}=a_{j-1,\,j}u_{j-1}+a_{jj}u_j+a_{j+1,\,j}u_{j+1}-b_j=0$$

其中

$$\begin{cases}a_{j-1,\,j}=\int_0^1\left[-\frac{p(x_{j-1}+h_j\xi)}{h_j}+h_jq(x_{j-1}+h_j\xi)\xi(1-\xi)\right]\mathrm{d}\xi\\ a_{j+1,\,j}=\int_0^1\left[-\frac{p(x_j+h_{j+1}\xi)}{h_{j+1}}+h_{j+1}q(x_j+h_{j+1}\xi)\xi(1-\xi)\right]\mathrm{d}\xi\\ a_{jj}=\int_0^1\left[-\frac{p(x_{j-1}+h_j\xi)}{h_j}+h_jq(x_{j-1}+h_j\xi)\xi^2\right]\mathrm{d}\xi\\ \qquad+\int_0^1\left[-\frac{p(x_j+h_{j+1}\xi)}{h_{j+1}}+h_{j+1}q(x_j+h_{j+1}\xi)(1-\xi)^2\right]\mathrm{d}\xi\\ b_j=h_j\int_0^1 f(x_{j-1}+h_j\xi)\xi\mathrm{d}\xi+h_{j+1}\int_0^1 f(x_j+h_{j+1}\xi)(1-\xi)\mathrm{d}\xi\end{cases}\tag{5.10}$$

就得到了 $u_1, u_2, \cdots, u_n$ 的三对角线性方程组，称为有限元方程。

5.3.2 从伽略金法出发进行推导

在单元 I_i，I_{i+1} 对每一个节点构造山形函数：

$$\varphi_i(x)=\begin{cases}1+\dfrac{x-x_i}{h_i},\ x_{i-1}\leqslant x\leqslant x_i\\ 1-\dfrac{x-x_i}{h_{i+1}},\ x_i\leqslant x\leqslant x_{i+1}\\ 0,\ x\notin[x_{i-1},\ x_{i+1}]\end{cases}$$

$$\varphi_n(x)=\begin{cases}1+\dfrac{x-x_n}{h_n},\ x_{n-1}\leqslant x\leqslant x_n\\ 0,\ x\notin[x_{n-1},\ x_n]\end{cases}$$

山形函数如图 5-2 所示。

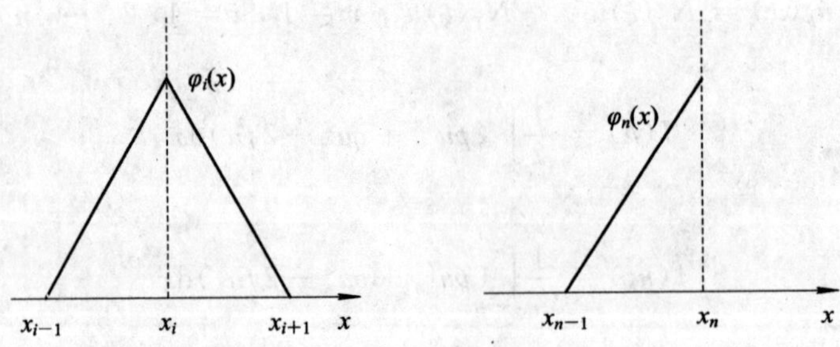

图 5-2 山形函数

显然 $\varphi_1(x)$，$\varphi_2(x)$，…，$\varphi_n(x)$线性无关，可以用来作为逼近微分方程的解的基。u_h 可

以表示为

$$u_h(x) = \sum_{i=1}^{n} u_i \varphi_i(x)$$

前面曾提到，与边值问题相应的双线性泛函为

$$a(u, v) = \int_a^b (pu'v' + quv)\mathrm{d}x$$

因此伽略金方程为

$$\sum_{i=1}^{n} a(\varphi_i, \varphi_j)u_i = \int_a^b f\varphi_j \mathrm{d}x,\ i = 1, 2, \cdots, n$$

若借助仿射变换

$$N_0(\xi) = 1 - \xi,\ N_1(\xi) = \xi$$

则对 $i=1, 2, \cdots, n-1$

$$\varphi_i(x) = \begin{cases} N_0(\xi),\ \xi = \dfrac{x - x_i}{h_{i+1}},\ x_i \leqslant x \leqslant x_{i+1} \\ N_1(\xi),\ \xi = 1 + \dfrac{x - x_i}{h_i},\ x_{i-1} \leqslant x \leqslant x_i \\ 0,\ x \notin [x_{i-1}, x_{i+1}] \end{cases}$$

显然系数矩阵是三对角矩阵，即

$$\begin{aligned} a_{j-1,j} &= \int_{x_{j-1}}^{x_j} (p\varphi_j'\varphi_{j-1}' + q\varphi_j\varphi_{j-1})\mathrm{d}x \\ &= \int_{x_{j-1}}^{x_j} \left[-\frac{p(x)}{h_j^2} + q(x)\varphi_j(x)\varphi_{j-1}(x)\right]\mathrm{d}x \\ &= \int_0^1 \left[-\frac{p(x_{j-1} + h_j\xi)}{h_j} + h_j q(x_{j-1} + h_j\xi)(1 - \xi)\xi\right]\mathrm{d}\xi \\ a_{jj} &= \int_{x_{j-1}}^{x_j} (p\varphi_j'^2 + q\varphi_j^2)\mathrm{d}x + \int_{x_j}^{x_{j+1}} (p\varphi_j'^2 + q\varphi_j^2)\mathrm{d}x \\ &= \int_{x_{j-1}}^{x_j} \left[\frac{p(x)}{h_j^2} + q(x)\varphi_j^2(x)\right]\mathrm{d}x + \int_{x_j}^{x_{j+1}} \left[\frac{p(x)}{h_{j+1}^2} + q(x)\varphi_j^2(x)\right]\mathrm{d}x \\ &= \int_0^1 \left[\frac{p(x_{j-1} + h_j\xi)}{h_j} + h_j q(x_{j-1} + h_j\xi)\xi^2\right]\mathrm{d}\xi \\ &\quad + \int_0^1 \left[\frac{p(x_j + h_{j+1}\xi)}{h_{j+1}} + h_{j+1} q(x_j + h_{j+1}\xi)(1 - \xi)^2\right]\mathrm{d}\xi \\ a_{j,j+1} &= \int_{x_j}^{x_{j+1}} (p\varphi_j'\varphi_{j+1}' + q\varphi_j\varphi_{j+1})\mathrm{d}x \\ &= \int_{x_j}^{x_{j+1}} \left[-\frac{p(x)}{h_{j+1}^2} + q(x)\varphi_j(x)\varphi_{j+1}(x)\right]\mathrm{d}x \\ &= \int_0^1 \left[-\frac{p(x_j + h_{j+1}\xi)}{h_{j+1}} + h_{j+1} q(x_j + h_{j+1}\xi)(1 - \xi)\xi\right]\mathrm{d}\xi \end{aligned} \tag{5.11}$$

其中 $j=2, 3, \cdots, n-1$。

右端项

$$\int_a^b f\varphi_j \mathrm{d}x = \int_{x_{j-1}}^{x_j} f(x)\varphi_j(x)\mathrm{d}x + \int_{x_j}^{x_{j+1}} f(x)\varphi_j(x)\mathrm{d}x$$

$$= h_j\int_0^1 f(x_{j-1}+h_j\xi)\xi\mathrm{d}\xi + h_{j+1}\int_0^1 f(x_j+h_{j+1}\xi)(1-\xi)\mathrm{d}\xi$$

上述三对角矩阵$[a_{ij}]$称为总刚度矩阵，常数向量 $\boldsymbol{b}_i$ 称为总载荷向量。

从上面的推导过程可以看出，伽略金法和瑞兹法得出了相同的有限元方程，但是通过伽略金法得出有限元方程更加方便，而且，由于伽略金法的适用范围更广，致使由其推导出的有限元法的适用范围也更加广泛。

在前面介绍的有限元方法中，基函数由所有连续的折线函数组成，即由分段线性函数的线性组合构成，该种方法称为一次有限元，又称线性元。要提高有限元方法的精度可以采用更细密的区间分段(剖分)使单元长度变小，节点参数增加；除此之外还有一个办法就是采用更高次数的插值多项式作为基函数，这就是高次元。引进了高次元的有限元法本书不再详细论述，感兴趣的读者可以参考有限元方面的教材和专著。

与其他方法相比，有限元法具有以下特点：

有限元法是以变分法为基础的，是瑞兹-伽略金方法的进一步发展，是一种很好的解决复杂区域和复杂边值条件微分方程边值问题的离散化方法；而且有限元法的各个计算环节都便于标准化。对同一类型问题，不论几何形状和物理参数如何，以及采用不同的插值函数，都可用同一标准程序计算，这样可以大大缩短解题周期。

5.4 实例介绍

在工程计算中，并不是由前面所讲的方式直接得到有限元方程，而是分析每个单元的局部二次型和单元矩阵，得到单元刚度矩阵和载荷向量，再由单元刚度矩阵合成总刚度矩阵，由载荷向量合成总体载荷向量。这样做的好处是易于用程序实现。

对比从上节得到的有限元方程可看出，a_{jj} 由 $\int_{x_{j-1}}^{x_j}(p\varphi_j'^2+q\varphi_j^2)\mathrm{d}x$ 和 $\int_{x_j}^{x_{j+1}}(p\varphi_j'^2+q\varphi_j^2)\mathrm{d}x$ 两部分组成，b_j 由 $\int_{x_{j-1}}^{x_j} f(x)\varphi_j(x)\mathrm{d}x$ 和 $\int_{x_j}^{x_{j+1}} f(x)\varphi_j(x)\mathrm{d}x$ 两部分组成，分别是相邻两个单元上的积分，而且有相同的形式，因此我们可以将总刚度矩阵和总载荷向量写成单元刚度矩阵和与单元载荷向量和的形式。单元刚度矩阵的形式为

$$\boldsymbol{K}_{e_i} = \begin{bmatrix} a_{ii}^{e_i} & a_{i,\,i+1}^{e_i} \\ a_{i+1,\,i}^{e_i} & a_{i+1,\,i+1}^{e_i} \end{bmatrix}$$

$$\boldsymbol{K} = \sum_{i=1}^{n} \boldsymbol{K}_{e_i}$$

其中

$$a_{i-1,\,i-1}^{e_i} = \int_0^1 \left[\frac{p(x_{i-1}+h_i\xi)}{h_i} + h_i q(x_{i-1}+h_i\xi)(1-\xi)^2\right]\mathrm{d}\xi$$

$$a_{i,\,i}^{e_i} = \int_0^1 \left[\frac{p(x_{i-1}+h_i\xi)}{h_i} + h_i q(x_{i-1}+h_i\xi)\xi^2\right]\mathrm{d}\xi$$

$$a_{i-1,i}^{e_i} = a_{i,i-1}^{e_i} = \int_0^1 \left[-\frac{p(x_j + h_{j+1}\xi)}{h_{j+1}} + h_{j+1} q(x_j + h_{j+1}\xi)(1-\xi)\xi \right] \mathrm{d}\xi$$

单元载荷向量的形式为

$$\boldsymbol{F}_{e_i} = [f_{i-1}^{e_i} \quad f_i^{e_i}]^{\mathrm{T}}$$

$$\boldsymbol{F} = \sum_{i=1}^{n} \boldsymbol{F}_e$$

其中

$$f_{i-1}^{e_i} = h_i \int_0^1 f(x_{i-1} + h_i\xi)(1-\xi)\mathrm{d}\xi$$

$$f_i^{e_i} = h_i \int_0^1 f(x_{i-1} + h_i\xi)\xi\mathrm{d}\xi$$

可得有限元方程为

$$\boldsymbol{K}\boldsymbol{u} = \boldsymbol{F}$$

如果第一边值条件非齐次，则需要对总刚度矩阵和总载荷向量做约束处理。如 $u(a)=d$，可将单位载荷向量修改为

$$F_{e_i} = F_{e_i} - a_{i0} d$$

总载荷向量为

$$\boldsymbol{F} = [d \quad F_{e_1} \quad \cdots \quad F_{e_n}]^{\mathrm{T}}$$

将总刚度矩阵修改为

$$\boldsymbol{K} = \begin{bmatrix} 1 & 0 & \cdots & 0 \\ 0 & a_{11} & \cdots & a_{1n} \\ \vdots & \vdots & \ddots & \vdots \\ 0 & a_{n1} & \cdots & a_{nn} \end{bmatrix}$$

如果第二边值条件非齐次，如

$$u'(b) = d$$

由相应的瑞兹-伽略金方程可以看出，只需要将最后一个单位载荷向量修改为

$$F_{e_n} = F_{e_n} + p(b)d$$

即可。

对于非齐次的第三边值条件

$$\alpha u(b) + p(b)u'(b) = d$$

读者可以自己根据相应的瑞兹-伽略金方程对刚度矩阵和总载荷向量做边界处理。

例 5.2　用有限元法解下列二阶常微分方程边值问题

$$\begin{cases} -\dfrac{\mathrm{d}}{\mathrm{d}x}\left(\dfrac{1}{x^2}\dfrac{\mathrm{d}u}{\mathrm{d}x}\right) = 1, & 1 < x < 2 \\ u(1) = 0 \\ u'(2) = 0 \end{cases}$$

解　显然，在本例当中

$$p(x) = \frac{1}{x^2},\ q(x) = 0,\ f(x) = 1$$

若将求解区间等分为四个单元，则节点坐标为

$$x_0 = 1,\ x_1 = \frac{5}{4},\ x_2 = \frac{3}{2},\ x_3 = \frac{7}{4},\ x_4 = 2$$

每个单元长度均为 $h=\frac{1}{4}$，下面两式为山形函数系数

$$N_i(x) = \frac{1}{h_i}(x_{i+1} - x) = 4(x_{i+1} - x)$$

$$M_i(x) = \frac{1}{h_i}(x - x_i) = 4(x - x_i)$$

下面计算单元刚度矩阵和载荷向量。

单元刚度系数为

$$k_{ii}^{e_i} = \frac{1}{h_i^2}\int_{e_i} p(x)\mathrm{d}x + \int_{e_i} q(x)N_i^2(x)\mathrm{d}x = 4^2\int_{x_i}^{x_{i+1}} \frac{1}{x^2}\mathrm{d}x = \frac{4}{x_i x_{i+1}}$$

$$k_{i,\,i+1}^{e_i} = k_{i+1,\,i}^{e_i} = -\frac{1}{h_i^2}\int_{e_i} p(x)\mathrm{d}x + \int_{e_i} q(x)N_i(x)M_i(x)\mathrm{d}x = -4^2\int_{x_i}^{x_{i+1}} \frac{1}{x^2}\mathrm{d}x = -\frac{4}{x_i x_{i+1}}$$

$$k_{i+1,\,i+1}^{e_i} = \frac{1}{h_i^2}\int_{e_i} p(x)\mathrm{d}x + \int_{e_i} q(x)M_i^2(x)\mathrm{d}x = 4^2\int_{x_i}^{x_{i+1}} \frac{1}{x^2}\mathrm{d}x = \frac{4}{x_i x_{i+1}}$$

单元刚度矩阵为

$$[K]_{e_i} = \begin{bmatrix} k_{ii}^{e_i} & k_{i,\,i+1}^{e_i} \\ k_{i+1,\,i}^{e_i} & k_{i+1,\,i+1}^{e_i} \end{bmatrix} = \frac{4}{x_i x_{i+1}}\begin{bmatrix} 1 & -1 \\ -1 & 1 \end{bmatrix}$$

单元载荷向量为

$$[F]_{e_i} = \begin{bmatrix} \int_{e_i} N_i(x)f(x)\mathrm{d}x \\ \int_{e_i} M_i(x)f(x)\mathrm{d}x \end{bmatrix} = \begin{bmatrix} \frac{1}{8} \\ \frac{1}{8} \end{bmatrix}$$

$$\frac{1}{x_0 x_1} = \frac{4}{5},\ \frac{1}{x_1 x_2} = \frac{8}{15},\ \frac{1}{x_2 x_3} = \frac{8}{21},\ \frac{1}{x_3 x_4} = \frac{2}{7}$$

总刚度矩阵为

$$[K] = \begin{bmatrix} \frac{16}{5} & -\frac{16}{5} & 0 & 0 & 0 \\ -\frac{16}{5} & \frac{16}{5} & 0 & 0 & 0 \\ 0 & 0 & 0 & 0 & 0 \\ 0 & 0 & 0 & 0 & 0 \\ 0 & 0 & 0 & 0 & 0 \end{bmatrix} + \begin{bmatrix} 0 & 0 & 0 & 0 & 0 \\ 0 & \frac{32}{15} & -\frac{32}{15} & 0 & 0 \\ 0 & -\frac{32}{15} & \frac{32}{15} & 0 & 0 \\ 0 & 0 & 0 & 0 & 0 \\ 0 & 0 & 0 & 0 & 0 \end{bmatrix}$$

$$+ \begin{bmatrix} 0 & 0 & 0 & 0 & 0 \\ 0 & 0 & 0 & 0 & 0 \\ 0 & 0 & \frac{32}{21} & -\frac{32}{21} & 0 \\ 0 & 0 & -\frac{32}{21} & \frac{32}{21} & 0 \\ 0 & 0 & 0 & 0 & 0 \end{bmatrix} + \begin{bmatrix} 0 & 0 & 0 & 0 & 0 \\ 0 & 0 & 0 & 0 & 0 \\ 0 & 0 & 0 & 0 & 0 \\ 0 & 0 & 0 & \frac{8}{7} & -\frac{8}{7} \\ 0 & 0 & 0 & -\frac{8}{7} & \frac{8}{7} \end{bmatrix}$$

$$
=\begin{bmatrix}
\frac{16}{5} & -\frac{16}{5} & 0 & 0 & 0 \\
-\frac{16}{5} & \frac{16}{3} & -\frac{32}{15} & 0 & 0 \\
0 & -\frac{32}{15} & \frac{128}{35} & -\frac{32}{21} & 0 \\
0 & 0 & -\frac{32}{21} & \frac{8}{3} & -\frac{8}{7} \\
0 & 0 & 0 & -\frac{8}{7} & \frac{8}{7}
\end{bmatrix}
$$

去掉第一行第一列，得

$$
\boldsymbol{K}=\begin{bmatrix}
\frac{16}{3} & -\frac{32}{15} & 0 & 0 \\
-\frac{32}{15} & \frac{128}{35} & -\frac{32}{21} & 0 \\
0 & -\frac{32}{21} & \frac{8}{3} & -\frac{8}{7} \\
0 & 0 & -\frac{8}{7} & \frac{8}{7}
\end{bmatrix}
$$

总载荷向量为

$$
\boldsymbol{F}=\begin{bmatrix}0 & \frac{1}{4} & \frac{1}{4} & \frac{1}{4} & \frac{1}{8}\end{bmatrix}^{\mathrm{T}}
$$

去掉第一个分量，得

$$
\boldsymbol{F}=\begin{bmatrix}\frac{1}{4} & \frac{1}{4} & \frac{1}{4} & \frac{1}{8}\end{bmatrix}^{\mathrm{T}}
$$

得到有限元方程

$$
\boldsymbol{Ku}=\boldsymbol{F}
$$

解之，得

$$
u_1=0.2734,\ u_2=0.5664,\ u_3=0.8125,\ u_4=0.9219
$$

习　题　五

一、填空题

(1) 瑞兹-伽略金方法与有限元法的区别是＿＿＿＿＿＿＿＿＿＿。

(2) 有限元法的本质是＿＿＿＿＿＿＿＿＿＿＿＿＿＿＿。

二、选择题

(1) 对于边值条件 $u(a)=0$，$u(b)=0$，下列函数组中，不可以作为基函数的是(　　)。

A. $\varphi_j(x)=\sin\left(j\pi\frac{x-a}{b-a}\right)$，$j=1, 2, \cdots$

B. $\varphi_j(x)=(x-a)(b-x)x^j$，$j=1, 2, \cdots$

C. $\varphi_j(x)=(x-a)(b-x)x^{j-2}$, $j=1, 2, \cdots$

D. $\varphi_j(x)=(x-a)(b-x)x^{j-1}$, $j=1, 2, \cdots$

(2) 边值条件$\begin{cases} u(a)=\alpha \\ mu(b)+p(b)u'(b)=\beta \end{cases}$的变分形式为________。

A. $a(u, v)=(f, v)+\beta v(b)-mu(b)v(b)$

B. $a(u, v)=(f, v)+\alpha v(a)-mu(a)v(a)$

C. $a(u, v)=(f, v)+\alpha v(a)-mu(b)v(b)$

D. $a(u, v)=(f, v)+\beta v(b)-mu(a)v(a)$

三、计算证明题

(1) 证明：非齐次两点边值问题

$$\begin{cases} Lu = -\dfrac{\mathrm{d}}{\mathrm{d}x}\left(p\dfrac{\mathrm{d}u}{\mathrm{d}x}\right)+qu = f,\ x\in(a, b) \\ u(a)=\alpha,\ u'(b)=\beta \end{cases}$$

与下列变分问题等价：求一阶平方可积函数 u^*，$u^*(a)=\alpha$，使

$$J(u^*) = \min_{u(a)=\alpha} J(u)$$

其中

$$J(u) = \frac{1}{2}a(u, u)-(f, u)-p(b)\beta u(b)$$

(2) 证明：对于第三边值问题

$$\begin{cases} Lu = -\dfrac{\mathrm{d}}{\mathrm{d}x}\left(p\dfrac{\mathrm{d}u}{\mathrm{d}x}\right)+qu = f,\ x\in(a, b) \\ \alpha_1 u(a)-\beta_1 u'(a) = d_1 \\ \alpha_2 u(b)+\beta_2 u'(b) = d_2 \end{cases}$$

其中 $p(x)>0$ 且是$[a, b]$上一次连续可导函数，$q(x)\geqslant 0$ 且是$[a, b]$上的连续函数，$f(x)$是(a, b)上的平方可积函数，其中 α_1，$\alpha_2\geqslant 0$ 且不同时为零，β_1，$\beta_2>0$。

相应的变分问题的二次泛函为

$$J(u) = \int_a^b\left[p\left(\frac{\mathrm{d}u}{\mathrm{d}x}\right)^2+qu^2-2fu\right]\mathrm{d}x+\frac{p(a)}{\beta_1}[\alpha_1 u^2(a)+2d_1 u(a)] + \frac{p(b)}{\beta_2}[\alpha_2 u^2(b)+2d_2 u(b)]$$

(3) 用有限元法解下面问题：

$$\begin{cases} -\dfrac{\mathrm{d}}{\mathrm{d}x}\left(\dfrac{1}{x^2}\dfrac{\mathrm{d}u}{\mathrm{d}x}\right)=1,\quad 1<x<2 \\ u(1)=0 \\ u(2)=-2 \end{cases}$$

第 6 章　非线性方程的数值解法

教学目标　掌握二分法和不动点方法及其收敛性；重点了解牛顿法、弦截法以及快速弦截法；熟练掌握牛顿法的应用。

引论中曾介绍过求解方程 $f(x)=0$ 的二分法，基本思想是逐步收缩有根区间，最后得到所求的根。

本章介绍求根的迭代法，迭代求根过程分两步，先提供根的某个猜测值，即所谓迭代初值，然后再将迭代初值逐步加工成满足精度要求的根。

6.1　迭代原理

6.1.1　迭代法基本思想

迭代法是一种逐次逼近法，即使用某个固定公式反复校正根的近似值，使之逐步精确化，最后得到满足精度要求的结果。也就是迭代后得到一个近似根的序列 $\{x_k\}$，使得该序列的极限就是方程的一个根。

对于一般方程 $f(x)=0$，先改写成迭代等价形式 $x=\varphi(x)$，给出根的某猜测值 x_0，代入 $\varphi(x)$，得 $x_1=\varphi(x_0)$，再把 x_1 作为新的猜测值，代入 $\varphi(x)$，得 $x_2=\varphi(x_1)$，如此反复，迭代公式为

$$x_{k+1}=\varphi(x_k) \tag{6.1}$$

如果迭代序列 $\{x_k\}$ 有极限，则称迭代收敛，极限值 $x^*=\lim\limits_{k\to\infty}x_k$ 就是 $x=\varphi(x)$ 的根。

迭代基本思想是将隐式方程 $x=\varphi(x)$ 的求根归结为计算一组显式公式 $x_{k+1}=\varphi(x_k)$，实质上是一个逐步显式化的过程。

方程 $x=\varphi(x)$ 的求根在几何上就是确定曲线 $y=\varphi(x)$ 与 $y=x$ 的交点 P^* 的问题。如图 6-1 所示，对于某个猜测值 x_0，在曲线 $y=\varphi(x)$ 上得到以 x_0 为横坐标的点 P_0，P_0 的纵坐标为 $\varphi(x_0)=x_1$，过 P_0 作 x 轴平行线与 $y=x$ 交于 Q_1 点，过 Q_1 作平行线交 $\varphi(x)$ 于 P_1 点，P_1 的横坐标为 $x_1=\varphi(x_0)$，纵坐标为 $\varphi(x_1)$，按箭头的方向继续下去，得到点 P_1，P_2，…，其横坐标分别为 $x_{k+1}=\varphi(x_k)$。如果迭代收敛，则点 P_1，P_2，…将逼近所求的交点 P^*。

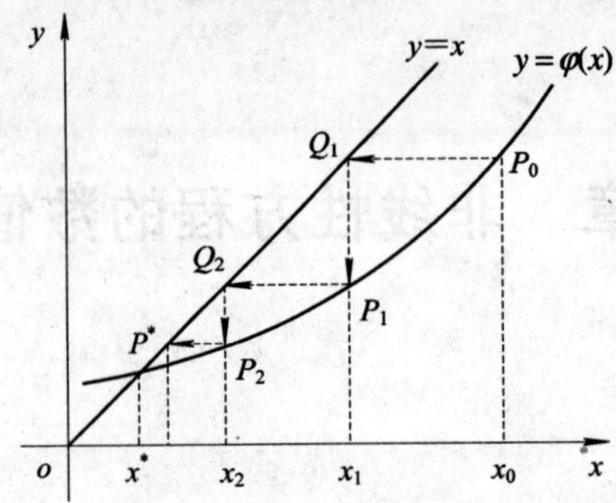

图 6-1 迭代法迭代过程示意图

例 6.1 求方程 $x^3-x-1=0$ 的唯一正根。

解 将方程改写为

$$x=\sqrt[3]{x+1}$$

迭代公式为

$$x_{k+1}=\sqrt[3]{x_k+1}, \qquad x_0=1.5$$

$$x_1=\sqrt[3]{1+1.5}=1.357\ 21, \quad x_2=\sqrt[3]{1+1.357\ 21}=1.330\ 86, \cdots,$$

$$x_7=1.324\ 72, \qquad x_8=1.324\ 72$$

所以方程的根为

$$x_8=1.324\ 72$$

如果将方程改写为

$$x=x^3-1$$

迭代公式为

$$x_{k+1}=x_k^3-1, \qquad x_0=1.5$$

$$x_1=1.5^3-1=2.375, \qquad x_2=2.375^3-1=12.396$$

$$x_3=12.396^3-1=1.904\times10^3, \quad x_4=6.902\times10^9$$

不收敛，发散。

由此看来，迭代形式的收敛性很重要，把 $f(x)=0$ 改写成迭代等价形式 $x=\varphi(x)$，不是随便改写的，有的收敛，而有的发散。

6.1.2 迭代过程的收敛性

为了使迭代法有效，必须保证它的收敛性，首先考虑函数为线性的简单情形。假设 $\varphi(x)=kx+d$，显然保证 $x_{k+1}=\varphi(x_k)$ 收敛的条件是 $|\varphi'(x)|=|k|<1$。

对于一般情形，设 x^* 为方程 $x=\varphi(x)$ 的根，则依据微分中值定理有

$$x^*-x_{k+1}=\varphi(x^*)-\varphi(x_k)=\varphi'(\xi)(x^*-x_k)$$

式中，ξ 是 x^* 与 x_k 之间的某一点，如果存在正数 $L<1$，使得对于任意 $x\in[a,b]$，$|\varphi'(x)|\leqslant L<1$ 成立，则有

$$|x^*-x_{k+1}|\leqslant L|x^*-x_k|$$

反复递推，对于迭代误差 $e_k=|x^*-x_k|$，有

$$e_k \leqslant L^k e_0$$

所以

$$\lim_{k\to\infty} |x^* - x_k| = \lim_{k\to\infty} e_k \leqslant \lim_{k\to\infty} L^k e_0 = 0$$

因此有 $x^* = \lim\limits_{k\to\infty} x_k$，迭代收敛。

定理 6.1　设 $\varphi(x)$在$[a, b]$上具有连续的一阶导数，且

(1) 对于任意 $x \in [a, b]$，总有 $\varphi(x) \in [a, b]$；

(2) 存在 $0 \leqslant L < 1$，使对任意 $x \in [a, b]$，成立$|\varphi'(x)| \leqslant L$；

则迭代过程 $x_{k+1} = \varphi(x_k)$对任意初值 $x_0 \in [a, b]$均收敛于方程 $x = \varphi(x)$的根，且有下列估计式：

(1) $|x^* - x_k| \leqslant \dfrac{1}{1-L} |x_{k+1} - x_k|$

(2) $|x^* - x_k| \leqslant \dfrac{L^k}{1-L} |x_1 - x_0|$

收敛性已证明，下面证明估计式：

(1) 由 $x^* - x_{k+1} = \varphi(x^*) - \varphi(x_k) = \varphi'(\xi)(x^* - x_k)$得到

$$|x^* - x_{k+1}| \leqslant L |x^* - x_k|$$

$$\begin{aligned} |x_{k+1} - x_k| &= |x^* - x_k - (x^* - x_{k+1})| \\ &\geqslant |x^* - x_k| - |x^* - x_{k+1}| \\ &\geqslant |x^* - x_k| - L |x^* - x_k| \\ &= (1-L) |x^* - x_k| \end{aligned}$$

即

$$|x^* - x_k| \leqslant \frac{1}{1-L} |x_{k+1} - x_k|$$

(2) 由 $x_{k+1} - x_k = \varphi(x_k) - \varphi(x_{k-1}) = \varphi'(\xi)(x_k - x_{k-1})$得到

$$|x_{k+1} - x_k| \leqslant L |x_k - x_{k-1}|$$

$$\begin{aligned} |x^* - x_k| &\leqslant \frac{1}{1-L} |x_{k+1} - x_k| \\ &\leqslant \frac{L}{1-L} |x_k - x_{k-1}| \\ &\leqslant \frac{L^2}{1-L} |x_{k-1} - x_{k-2}| \\ &\leqslant \cdots \leqslant \frac{L^k}{1-L} |x_1 - x_0| \end{aligned}$$

即

$$|x^* - x_k| \leqslant \frac{L^k}{1-L} |x_1 - x_0|$$

由上面估计式可知，只要相邻迭代值 x_k，x_{k+1}的偏差充分小，就能保证迭代值 x_{k+1}足够准确，所以常用$|x_k - x_{k-1}| < \varepsilon$ 作为判断迭代过程结束的标准。

迭代法流程如图 6-2 所示。

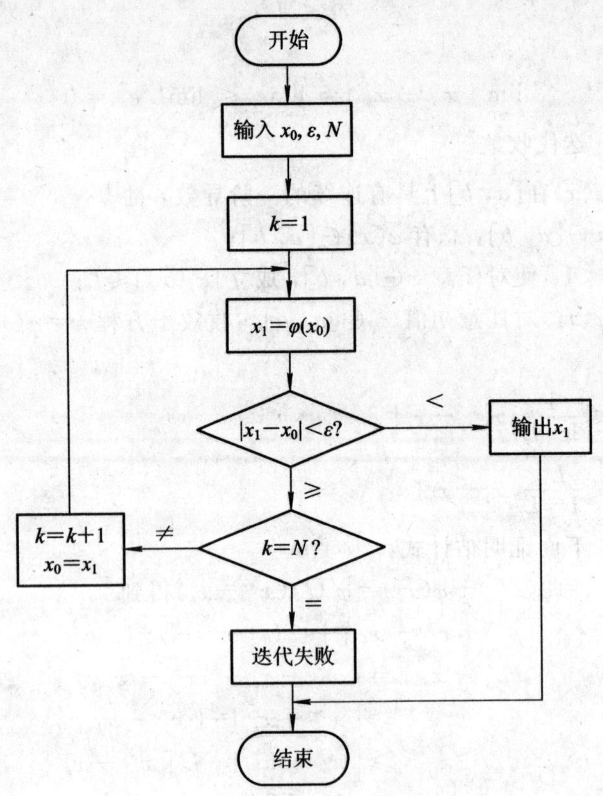

图 6-2　迭代法流程

对于例 6.1，采用 $x_{k+1}=\sqrt[3]{x_k+1}$ 迭代函数 $\varphi(x)=\sqrt[3]{x+1}$，在有根区域[1, 2]内，$|\varphi'(x)|<\dfrac{1}{3}$，所以对于任意 $x_0\in[1, 2]$均收敛。若采用 $x_{k+1}=x_k^3-1$ 迭代函数 $\varphi(x)=x^3-1$，$\varphi'(x)=3x^2$ 在有根区域[1, 2]内，$|\varphi'(x)|>1$，故迭代不收敛。

定理 6.2　设 $\varphi(x)$在 $x=\varphi(x)$的根 x^* 邻近有连续一阶导数，且有$|\varphi'(x)|<1$，则迭代过程 $x_{k+1}=\varphi(x_k)$具有局部收敛性。

例 6.2　求方程 $x=\mathrm{e}^{-x}$在 $x=0.5$ 附近的一个根，$\varepsilon=10^{-5}$。

解　迭代公式为

$$x_{k+1}=\mathrm{e}^{-x_k},\qquad x_0=0.5$$

$$x_1=e^{-0.5}=0.606\ 531,\qquad x_2=\mathrm{e}^{-0.606\ 531}=0.545\ 239,\ \cdots$$

$$x_{16}=0.567\ 135,\qquad x_{17}=0.567\ 148$$

$$x_{18}=0.567\ 141$$

迭代 18 次得到近似值 0.567 141，收敛速度较慢。

6.1.3　迭代过程的收敛速度

所谓迭代过程的收敛速度，是指在接近收敛时迭代误差的下降速度。如果记 $e_k=x^*-x_k$，当 $k\to\infty$时，$\dfrac{e_{k+1}}{e_k^p}\to c(c\neq0)$成立，则称迭代过程是 p 阶收敛的。$p=1$ 称为线性收敛，

$p=2$ 称为平方收敛。

对于在根 x^* 邻近收敛的迭代公式 $x_{k+1}=\varphi(x_k)$，由于 $x^*-x_{k+1}=\varphi'(\xi)(x^*-x_k)$(式中 ξ 是 x^* 与 x_k 之间的某一点)，故当 $k\to\infty$ 时，$\frac{e_{k+1}}{e_k}\to\varphi'(x^*)$，若 $\varphi'(x^*)\neq 0$，该迭代仅为线性收敛，若 $\varphi'(x^*)=0$ 时，$\varphi(x_k)$ 在 x^* 处泰勒展开

$$\varphi(x_k)=\varphi(x^*)+\frac{\varphi''(\xi)}{2}(x_k-x^*)^2$$

即

$$x_{k+1}=x^*+\frac{\varphi''(\xi)}{2}(x_k-x^*)^2$$

故当 $k\to\infty$ 时，$\frac{e_{k+1}}{e_k^2}\to-\frac{\varphi''(x^*)}{2}$，这表明当 $\varphi'(x^*)=0$，$\varphi''(x^*)\neq 0$ 时，迭代过程为平方收敛。

定理 6.3　设 $\varphi(x)$ 在 $x=\varphi(x)$ 的根 x^* 邻近有连续二阶导数，且有 $|\varphi'(x)|<1$，则当 $\varphi'(x^*)\neq 0$ 时，迭代过程 $x_{k+1}=\varphi(x_k)$ 为线性收敛。而当 $\varphi'(x^*)=0$，$\varphi''(x^*)\neq 0$ 时，迭代过程为平方收敛。

6.2　迭代过程的加速

6.2.1　迭代公式的加工

对于收敛的迭代过程，只要迭代次数足够多，从理论上讲终归能得到满足精度要求的结果。但有时迭代过程收敛速度缓慢，从而使计算量变得很大，因此有必要研究迭代收敛的加速方法。

设 x_k 是根 x^* 的某个近似值，用迭代公式校正一次得

$$\bar{x}_{k+1}=\varphi(x_k)$$

假设 $\varphi'(x)$ 在所考察的范围内改变不大，其估计值为 L，则有

$$x^*-\bar{x}_{k+1}=\varphi(x^*)-\varphi(x_k)=\varphi'(\xi)(x^*-x_k)\approx L(x^*-x_k)$$

由此解出

$$x^*=\frac{1}{1-L}\bar{x}_{k+1}-\frac{L}{1-L}x_k$$

所以迭代公式为

$$x_{k+1}=\frac{1}{1-L}\bar{x}_{k+1}-\frac{L}{1-L}x_k$$

迭代过程如下：

迭代：$\bar{x}_{k+1}=\varphi(x_k)$　(6.2)

改进：$x_{k+1}=\frac{1}{1-L}\bar{x}_{k+1}-\frac{L}{1-L}x_k$　(6.3)

合写：$x_{k+1}=\frac{1}{1-L}[\varphi(x_k)-Lx_k]$　(6.4)

例 6.3 求方程 $x=e^{-x}$在 $x=0.5$ 附近的一个根，$L=-0.6$。

解 迭代公式为

$$x_{k+1}=\frac{1}{1+0.6}(e^{-x_k}+0.6x_k)=\frac{1}{1.6}(e^{-x_k}+0.6x_k)$$

$x_0=0.5$， $x_1=0.566\,582$， $x_2=0.567\,132$， $x_3=0.567\,143$， $x_4=0.567\,143$

所以 $x^*\approx 0.567\,143$。

6.2.2 埃特金算法

加速方法有一个缺点，其中含有 $\varphi'(x)$的有关信息，因而不便于实际应用。埃特金算法思路如下：

$$\bar{x}_{k+1}=\varphi(x_k)$$
$$\tilde{x}_{k+1}=\varphi(\bar{x}_k)$$

则依据微分中值定理有

$$x^*-\bar{x}_{k+1}\approx L(x^*-x_k)$$
$$x^*-\tilde{x}_{k+1}\approx L(x^*-\bar{x}_{k+1})$$

两式联立，消去 L 得

$$\frac{x^*-\bar{x}_{k+1}}{x^*-\tilde{x}_{k+1}}\approx\frac{x^*-x_k}{x^*-\bar{x}_{k+1}}$$

得到

$$x^*=\tilde{x}_{k+1}-\frac{(\tilde{x}_{k+1}-\bar{x}_{k+1})^2}{\tilde{x}_{k+1}-2\bar{x}_{k+1}+x_k}$$

埃特金加速算法为：

迭代：$\bar{x}_{k+1}=\varphi(x_k)$ (6.5)

迭代：$\tilde{x}_{k+1}=\varphi(\bar{x}_k)$ (6.6)

改进：$x_{k+1}=\tilde{x}_{k+1}-\dfrac{(\tilde{x}_{k+1}-\bar{x}_{k+1})^2}{\tilde{x}_{k+1}-2\bar{x}_{k+1}+x_k}$ (6.7)

埃特金加速算法流程如图 6-3 所示。

例 6.4 用埃特金算法求方程 $x=e^{-x}$的根，$x_0=0.5$。

解 $x_0=0.5$，$\bar{x}_1=e^{-0.5}=0.606\,531$

$\tilde{x}_1=e^{-0.606\,531}=0.545\,239$

$$x_1=\tilde{x}_1-\frac{(\tilde{x}_1-\bar{x}_1)^2}{\tilde{x}_1-2\bar{x}_1+x_0}=0.567\,674$$

$\bar{x}_2=0.566\,871$，$\tilde{x}_2=0.567\,298$

$$x_2=\tilde{x}_2-\frac{(\tilde{x}_2-\bar{x}_2)^2}{\tilde{x}_2-2\bar{x}_2+x_1}=0.567\,143$$

$\bar{x}_3=0.567\,143$，$\tilde{x}_3=0.567\,143$

$x_3=0.567\,143$

所以 $x^*\approx 0.567\,143$。

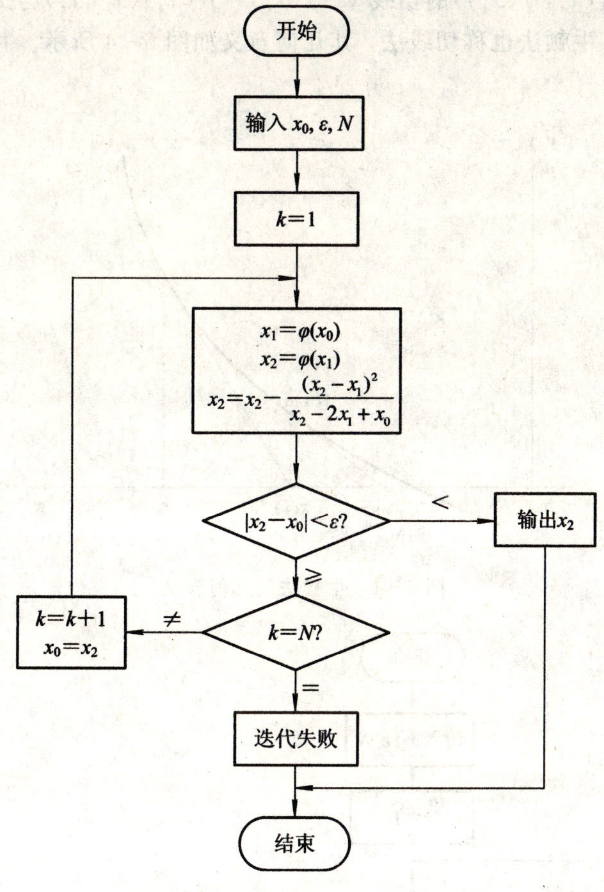

图 6-3　埃特金加速算法流程

6.3 牛　顿　法

6.3.1 公式导出

对于 $f(x)=0$，$f(x)$在近似值 x_k 附近可用一阶泰勒多项式近似

$$P(x)=f(x_k)+f'(x_k)(x-x_k)$$

用 $P(x)=0$ 的解近似 $f(x)=0$ 的解，由 $P(x)=0$ 解得

$$x=x_k-\frac{f(x_k)}{f'(x_k)}$$

因此牛顿法公式为

$$x_{k+1}=x_k-\frac{f(x_k)}{f'(x_k)} \tag{6.8}$$

相应的迭代函数为

$$\varphi(x)=x-\frac{f(x)}{f'(x)}$$

从图像上看，过$(x_k, f(x_k))$的切线 $y-f(x_k)=f'(x_k)(x-x_k)$与 x 轴的交点横坐标即为 x_{k+1}，以此类推。牛顿法也称切线法，其几何意义如图 6-4 所示。牛顿法流程如图 6-5 所示。

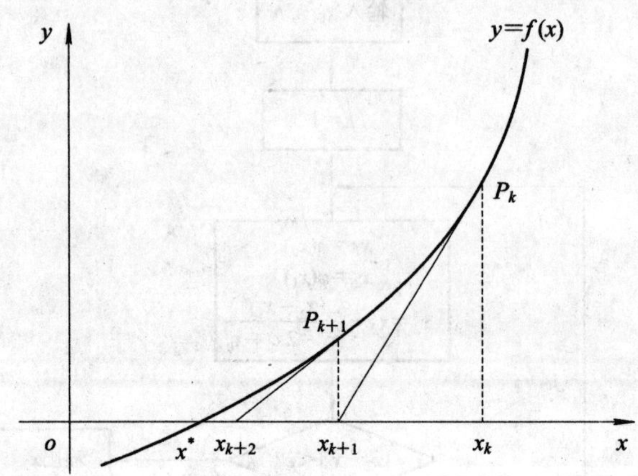

图 6-4　牛顿法的几何含义

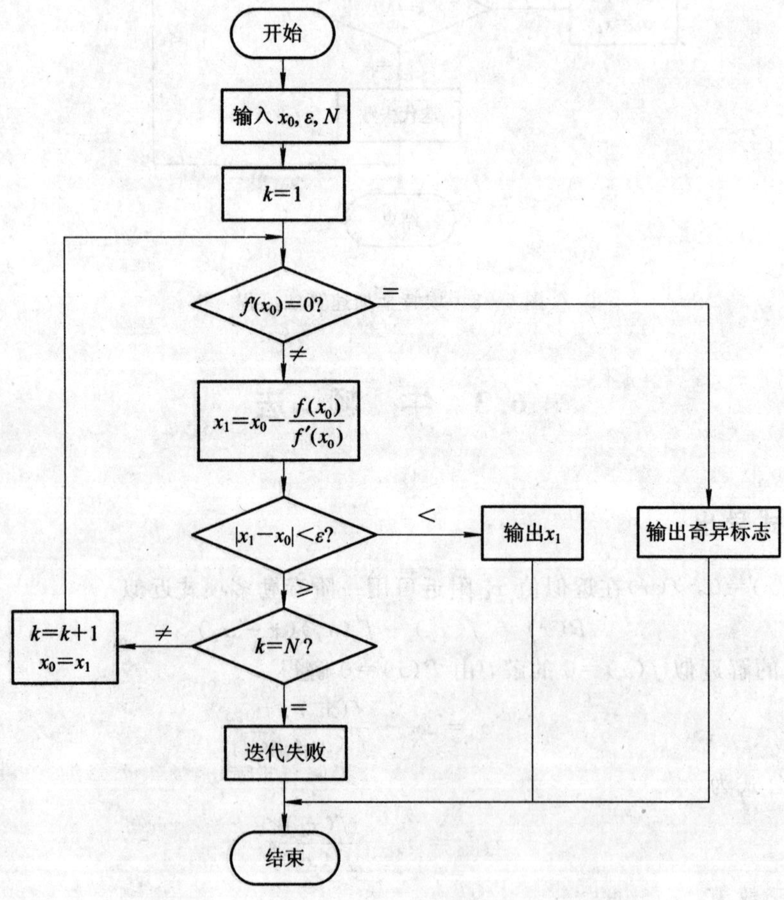

图 6-5　牛顿法流程

例 6.5 求方程 $xe^x-1=0$ 的根，$x_0=0.5$。

解 牛顿迭代公式为

$$x_{k+1}=x_k-\frac{f(x_k)}{f'(x_k)}=x_k-\frac{x_k e^{x_k}}{e^{x_k}+x_k e^{x_k}}=x_k-\frac{x_k-e^{-x_k}}{1+x_k}$$

$$x_0=0.5,\ x_1=0.571\ 02,\ x_2=0.567\ 156$$

$$x_3=0.567\ 143,\ x_4=0.567\ 143$$

所以 $x^*\approx 0.567\ 143$。

因为迭代函数为

$$\varphi(x)=x-\frac{f(x)}{f'(x)}$$

所以

$$\varphi'(x)=\frac{f(x)f''(x)}{[f'(x)]^2}$$

在根 x^* 处 $f(x^*)=0$，所以 $\varphi'(x^*)=0$，因此牛顿法是二阶收敛方法。

6.3.2 应用举例

应用牛顿法解 $x^2-C=0$，可导出 $\sqrt{C}$ 的计算公式。

$$x_{k+1}=x_k-\frac{x_k^2-C}{2x_k}=\frac{1}{2}\left(x_k+\frac{C}{1+x_k}\right)$$

例 6.6 求 $\sqrt{115}$（$\sqrt{115}=10.723\ 805\ 29\cdots$）。

解 $x_0=10$，$x_1=\frac{1}{2}\left(10+\frac{115}{10}\right)=10.75$，$x_2=10.723\ 837$

$x_3=10.723\ 805$，$x_4=10.723\ 805$

所以 $x^*\approx 10.723\ 805$，有 8 位有效数字。

6.3.3 牛顿下山法

一般来说，牛顿法的收敛性依赖于初值 x_0 的选取，如果 x_0 偏差 x^* 较远，则牛顿法可能发散。如求 $x^3-x-1=0$ 在 $x_0=1.5$ 附近的一根，迭代公式为

$$x_{k+1}=x_k-\frac{x_k^3-x_k-1}{3x_k^2-1}$$

$$x_0=1.5,\ x_1=1.347\ 83,\ x_2=1.325\ 20$$

$$x_3=1.324\ 72,\ x_4=1.324\ 72$$

若 $x_0=0.6$，$x_1=17.9$，则结果偏离了 x^*，为了防止发散，对迭代过程再附加一项要求，即满足 $|f(x_{k+1})|<|f(x_k)|$。满足这项要求的算法称为下山法。

将牛顿法与下山法结合起来使用，即在下山法保证函数值稳定下降的前提下，用牛顿法加快收敛速度，即为牛顿下山法。

迭代：$x_{k+1}=x_k-\dfrac{f(x_k)}{f'(x_k)}$

改进：$x_{k+1}=\lambda\bar{x}_{k+1}+(1-\lambda)x_k=x_k-\lambda\dfrac{f(x_k)}{f'(x_k)}$

其中，$0<\lambda\leqslant 1$ 称为下山因子，适当取下山因子，使单调成立。下山因子的选择是个逐步探索的过程，从 $\lambda=1$ 开始，反复将因子 λ 的值减半进行试算，一旦单调减成立，则称"下山成功"；反之如果找不到单调减，则称"下山失败"，另选 x_0。

在上例中，$x_0=0.6$，$x_1=17.9$，取 $\lambda=\frac{1}{32}$，$x_1=1.140\,625$，这个结果纠正了偏差。

6.4 弦 截 法

牛顿法的优点是收敛速度快，但它有一个明显的缺点，就是需要计算导数值 $f'(x)$，如果 $f(x)$ 比较复杂，使用牛顿公式不方便，可改用差商 $\frac{f(x_k)-f(x_0)}{x_k-x_0}$ 代替牛顿法中的导数，则

$$x_{k+1}=x_k-\frac{f(x_k)}{f(x_k)-f(x_0)}(x_k-x_0) \tag{6.9}$$

$\frac{f(x_k)-f(x_0)}{x_k-x_0}$ 表示 P_0P_k 的斜率，P_0P_k 与 x 轴的交点横坐标就是 x_{k+1}，因此这算法称为弦截法。

为提高收敛速度，可改用 $\frac{f(x_k)-f(x_{k-1})}{x_k-x_{k-1}}$ 替代 $f'(x)$，可导出下列迭代公式：

$$x_{k+1}=x_k-\frac{f(x_k)}{f(x_k)-f(x_{k-1})}(x_k-x_{k-1}) \tag{6.10}$$

此方法称为快速弦截法。使用快速弦截法必须提供前两步的信息 x_0、x_1。

可以证明弦截法为线性收敛，快速弦截法收敛阶次 $p=\frac{1+\sqrt{5}}{2}\approx 1.618$ 阶。快速弦截法示意图如图 6-6 所示，快速弦截法流程如图 6-7 所示。

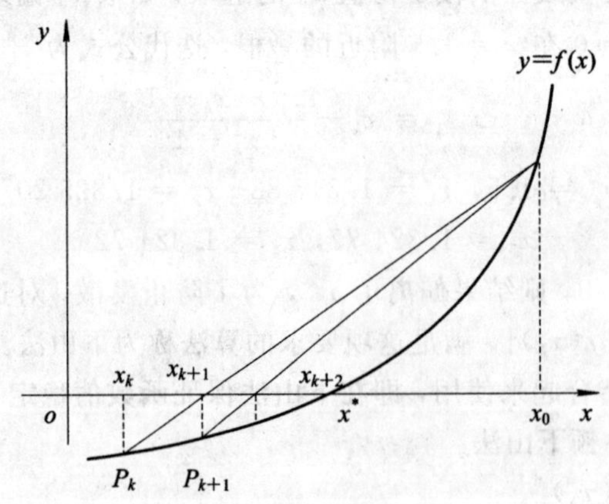

图 6-6 快速弦截法示意图

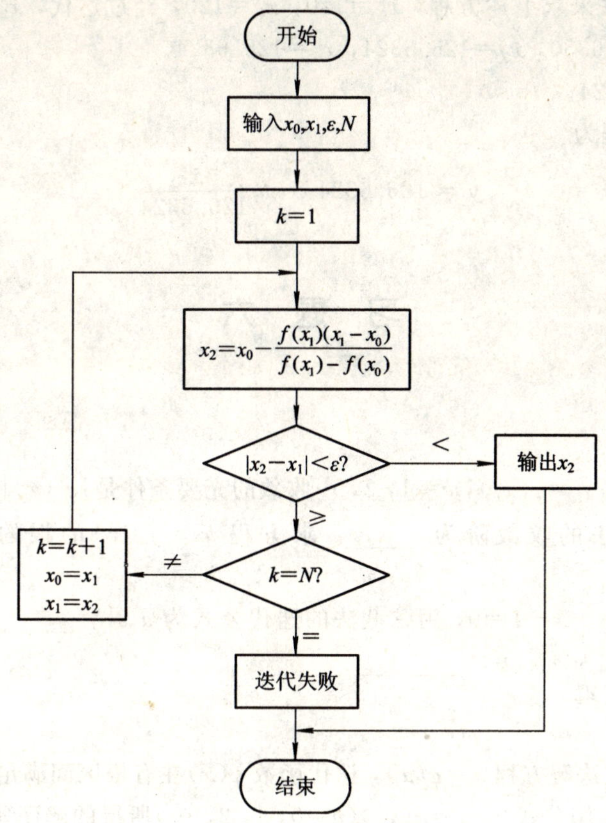

图 6-7　快速弦截法流程

例 6.7　用快速弦截法求方程 $xe^x-1=0$ 的根，$x_0=0.5$，$x_1=0.6$。

解

$$x_{k+1}=x_k-\frac{f(x_k)}{f(x_k)-f(x_{k-1})}(x_k-x_{k-1})$$

$$x_2=0.565\ 315,\ x_3=0.567\ 095,\ x_4=x_5=0.567\ 143$$

所以，$x^*\approx0.567\ 143$。

6.5　实例——悬链线方程的参数确定问题

在相距 $L=100$ m 的两个塔上悬挂一根电缆，电缆下垂 $h=10$ m，确定悬链线方程

$$y=a\cosh\frac{x}{a},\ x\in[-50,50]$$

中的参数 a。

由于曲线的最低点和最高点相差 10 m，所以

$$y(50)=y(0)+10$$

实质就是解方程

$$a\cosh\frac{50}{a}=a+10$$

利用快速弦截法来求上述方程，$x_0=120$，$x_1=120$，经过迭代，$x_2=127.9016$，$x_3=126.3898$，$x_4=126.6350$，$x_5=126.6324$，$x_6=126.6324$。

因此 $a=126.6324$。

所以悬链线方程为

$$y = 126.6324 \cosh \frac{x}{126.6324}$$

习 题 六

一、填空题

(1) 迭代过程 $x_{k+1}=\varphi(x_k)$，$k=1, 2, \cdots$收敛的充要条件是$|\varphi'(x)|$________。

(2) 牛顿迭代法的收敛阶为______。求方程 $x=f(x)$ 的根的牛顿迭代公式为____________。

(3) 求解方程 $x^3+x-1=0$，用弦截法的迭代公式为 $x_{k+1}=$________________，用快速弦截法的迭代公式为 $x_{k+1}=$________________。

二、选择题

(1) 用简单迭代法解方程 $x=\varphi(x)$，迭代函数 $\varphi(x)$ 在有根区间满足(　　)，则在有根区间内任取初始 x_0，用公式 $x_{n+1}=\varphi(x_n)(n=0, 1, 2, \cdots)$所得的解序列收敛。

A. $|\varphi'(x)|\leqslant r<1$　　B. $|\varphi'(x)|<r<1$　　C. $|\varphi'(x)|\leqslant 1$　　D. $|\varphi'(x)|<1$

(2) 牛顿切线法是用曲线 $f(x)$ 在 $x=x_k$ 点处的切线与(　　)的交点的横坐标逐步逼近 $f(x)=0$ 的解的一种方程求根的方法。

A. y 轴　　B. x 轴　　C. 直线 $y=x$　　D. 直线 $y=1$

(3) 求解方程 $x^3=x^2+x+1$ 在(1, 2)内根的下列迭代法中，收敛的迭代法是(　　)。

① $x_{k+1}=\sqrt[3]{x_k^2+x_k+1}$　　② $x_{k+1}=1+\dfrac{1}{x_k}+\dfrac{1}{x_k^2}$

③ $x_{k+1}=x_k^3-x_k^2-1$　　④ $x_{k+1}=\dfrac{x_k^2+1}{x_k^2-1}$

A. ①和②　　B. ②和③　　C. ③和④　　D. ④和①

(4) 解非线性方程 $f(x)=0$ 的牛顿迭代具有(　　)

A. 线性收敛　　B. 局部线性收敛　　C. 平方收敛　　D. 局部平方收敛

三、计算题

(1) 求方程 $f(x)=x-10^x+2=0$ 在[0, 1]内的一个根，要求误差小于 0.000 05，取 1 作为初始值。

(2) 用牛顿法求方程 $x^3-3x-1=0$ 在[1, 2]之间的近似根，计算过程中保留 5 位小数。要求$|x_n-x_{n-1}|\leqslant 0.000\,05$，取 2 作为初始值。

(3) 用下列方法求方程 $f(x)=x^3+2x^2+10x-20=0$ 的根，要求$|x_{k+1}-x_k|<10^{-6}$

(早在 1225 年意大利的数学家斐波那契·列奥纳多(Fibonacci Leonardo)研究了该方程，求得它的一个解 $x=1.368\ 808\ 107$，当时无人知道他是用什么方法求解的)。

① 迭代法，$x_0=1$，迭代公式：$x_{k+1}=\dfrac{20}{x_k^2+2x_k+10}$

② 用牛顿法，$x_0=1$

③ 弦截法，$x_0=1$，$x_1=2$

④ 快速弦截法，$x_0=1$，$x_1=2$

(4) 应用牛顿迭代法于方程 $x^3-a=0$，导出求立方根$\sqrt[3]{a}$的迭代公式，并讨论其收敛性。

(5) 设 $\varphi(x)=x-p(x)f(x)-q(x)f^2(x)$，试确定函数 $p(x)$和 $q(x)$，使求解 $f(x)=0$ 且以 $\varphi(x)$为迭代函数的迭代法至少三阶收敛。

(6) 试确定常数 p, q, r，使迭代公式 $x_{k+1}=px_k+q\dfrac{a^2}{x_k^5}$，产生的序列收敛到$\sqrt[3]{a}$，并使其收敛阶尽可能高。

(7) 降落伞下落的速度计算如下：$v=\dfrac{gm}{c}(1-e^{-\frac{c}{m}t})$，重力加速度为 $g=9.8\ \text{m/s}^2$，降落伞的质量为 $m=68.1\ \text{kg}$，测得降落伞自由体运动 $t=10\ \text{s}$ 后速度达到 $v=40\ \text{m/s}$，试求降落伞的阻力系数 c。

第7章 线性方程组的数值解法

教学目标 掌握雅可比方法、高斯-塞德尔方法和超松弛方法的构造及计算过程，掌握这三种方法的收敛性；掌握高斯消去法的思想，了解追赶法的计算方法，重点掌握选主元的高斯消去法；了解病态方程概念及其精度分析。

前几章中，无论插值公式的建立，还是常微分方程的差分式的构造，其基本思想都是转化为解线性方程组来处理。在工程技术的科学计算中，线性方程组的解法在数值分析中占有重要的地位。线性方程组的解法大致分为直接法和迭代法两大类。迭代法的优点是算法简单，但有时收敛性不能保证。

7.1 迭 代 法

7.1.1 雅可比迭代法

例 7.1 求解方程组

$$\begin{cases}10x_1 - x_2 - 2x_3 = 7.2\\ -x_1 + 10x_2 - 2x_3 = 8.3\\ -x_1 - x_2 + 5x_3 = 4.2\end{cases}$$

解 分离出 x_1，x_2，x_3，得

$$\begin{cases}x_1 = 0.1x_2 + 0.2x_3 + 0.72\\ x_2 = 0.1x_1 + 0.2x_3 + 0.83\\ x_3 = 0.2x_1 + 0.2x_2 + 0.84\end{cases}$$

据此可建立迭代公式

$$\begin{cases}x_1^{(k+1)} = 0.1x_2^{(k)} + 0.2x_3^{(k)} + 0.72\\ x_2^{(k+1)} = 0.1x_1^{(k)} + 0.2x_3^{(k)} + 0.83\\ x_3^{(k+1)} = 0.2x_1^{(k)} + 0.2x_2^{(k)} + 0.84\end{cases}$$

设初值，$x_1^{(0)}=x_2^{(0)}=x_3^{(0)}=0$，迭代得到

$$\begin{cases} x_1^{(1)} = 0.1x_2^{(0)} + 0.2x_3^{(0)} + 0.72 = 0.72 \\ x_2^{(1)} = 0.1x_1^{(0)} + 0.2x_3^{(0)} + 0.83 = 0.83 \\ x_3^{(1)} = 0.2x_1^{(0)} + 0.2x_2^{(0)} + 0.84 = 0.84 \end{cases}$$

$$\begin{cases} x_1^{(2)} = 0.1x_2^{(1)} + 0.2x_3^{(1)} + 0.72 = 0.971 \\ x_2^{(2)} = 0.1x_1^{(1)} + 0.2x_3^{(1)} + 0.83 = 1.07 \\ x_3^{(2)} = 0.2x_1^{(1)} + 0.2x_2^{(1)} + 0.84 = 1.15 \end{cases}$$

以此类推可得

$$\begin{cases} x_1^{(12)} = 1.099\ 999 \\ x_2^{(12)} = 1.199\ 999 \\ x_3^{(12)} = 1.299\ 999 \end{cases}$$

结果如表 7－1 所示，迭代次数增大时，$x_1^{(k)}$，$x_2^{(k)}$，$x_3^{(k)}$ 会越来越逼近方程组的精确解 $x_1^*=1.1$，$x_2^*=1.2$，$x_3^*=1.3$。

表 7－1　雅可比迭代法结果

k	$x_1^{(k)}$	$x_2^{(k)}$	$x_3^{(k)}$
0	0	0	0
1	0.72	0.83	0.84
2	0.971	1.07	1.15
3	1.057	1.1571	1.2482
4	1.085 35	1.185 34	1.282 82
5	1.095 098	1.195 099	1.294 138
6	1.098 338	1.198 337	1.298 039
7	1.099 442	1.199 442	1.299 335
8	1.099 811	1.199 811	1.299 777
9	1.099 936	1.199 936	1.299 924
10	1.099 979	1.199 979	1.299 975
11	1.099 993	1.199 993	1.299 991
12	1.099 998	1.199 998	1.299 997
13	1.099 999	1.199 999	1.299 999

考察一般形式的方程组：

$$\sum_{j=1}^{n} a_{ij}x_j = b_i \qquad (i=1,\ 2,\ \cdots,\ n)$$

从第 i 个方程组分离出 x_i，得

$$x_i = \frac{1}{a_{ii}}\Big(b_i - \sum_{\substack{j=1 \\ j\neq i}}^{n} a_{ij}x_j\Big) \qquad (i=1,\ 2,\ \cdots,\ n)$$

据此建立迭代公式：

$$x_i^{(k+1)} = \frac{1}{a_{ii}}\left(b_i - \sum_{\substack{j=1 \\ j\neq i}}^{n} a_{ij}x_j^{(k)}\right) \qquad (i=1,\ 2,\ \cdots,\ n) \tag{7.1}$$

此公式称为雅可比(Jacobi)公式，展开如下：

$$\begin{cases} x_1^{(k+1)} = \dfrac{1}{a_{11}}(-a_{12}x_2^{(k)} - a_{13}x_3^{(k)} - \cdots - a_{1n}x_n^{(k)} + b_1) \\ x_2^{(k+1)} = \dfrac{1}{a_{22}}(-a_{21}x_1^{(k)} - a_{23}x_3^{(k)} - \cdots - a_{2n}x_n^{(k)} + b_2) \\ \vdots \\ x_2^{(k+1)} = \dfrac{1}{a_{m}}(-a_{n1}x_1^{(k)} - a_{n2}x_2^{(k)} - \cdots - a_{n\,n-1}x_{n-1}^{(k)} + b_n) \end{cases} \tag{7.2}$$

用相邻两次迭代结果的偏差 $e=\max\limits_{1\leqslant i\leqslant n}|x_i^{(k+1)}-x_i^{(k)}|$ 刻划精度，当偏差 e 小于给定精度 ε 时计算终止。为防止发散，设置最大迭代次数 N 以控制计算量，如达不到精度，则宣告迭代失败。

7.1.2 高斯-赛德尔迭代法

再考察例 7.1，得到近似值，由迭代公式得

$$x_1^{(k+1)} = 0.1x_2^{(k)} + 0.2x_3^{(k)} + 0.72$$

所求的新值 $x_1^{(k+1)}$ 比老值 $x_1^{(k)}$ 更准确些，因此在计算 $x_2^{(k+1)}$ 时，用 $x_1^{(k+1)}$ 来代替

$$x_2^{(k+1)} = 0.1x_1^{(k+1)} + 0.2x_3^{(k)} + 0.83$$

用同样的方法计算，得

$$x_3^{(k+1)} = 0.2x_1^{(k+1)} + 0.2x_2^{(k+1)} + 0.84$$

这样充分利用新值建立的迭代公式，称为高斯-赛德尔迭代法

$$\begin{cases} x_1^{(k+1)} = 0.1x_2^{(k)} + 0.2x_3^{(k)} + 0.72 \\ x_2^{(k+1)} = 0.1x_1^{(k+1)} + 0.2x_3^{(k)} + 0.83 \\ x_3^{(k+1)} = 0.2x_1^{(k+1)} + 0.2x_2^{(k+1)} + 0.84 \end{cases}$$

设初值 $x_1^{(0)}=x_2^{(0)}=x_3^{(0)}=0$，迭代得到

$$\begin{cases} x_1^{(1)} = 0.1x_2^{(0)} + 0.2x_3^{(0)} + 0.72 \\ x_2^{(1)} = 0.1x_1^{(1)} + 0.2x_3^{(0)} + 0.83 = 0.1\times 0.72 + 0 + 0.83 = 0.902 \\ x_3^{(1)} = 0.2x_1^{(1)} + 0.2x_2^{(1)} + 0.84 = 0.2\times 0.72 + 0.2\times 0.902 + 0.84 = 1.644 \end{cases}$$

以此类推，可得

$$\begin{cases} x_1^{(8)} = 1.1 \\ x_2^{(8)} = 1.2 \\ x_3^{(8)} = 1.3 \end{cases}$$

结果如表 7－2 所列，比雅可比迭代法收敛更快。

表 7-2　雅可比迭代法结果

k	$x_1^{(k)}$	$x_2^{(k)}$	$x_3^{(k)}$
0	0	0	0
1	0.72	0.902	1.1644
2	1.043 08	1.167 188	1.282 054
3	1.093 13	1.195 724	1.297 771
4	1.099 126	1.199 467	1.299 719
5	1.099 89	1.199 933	1.299 965
6	1.099 986	1.199 992	1.299 996
7	1.099 998	1.199 999	1.299 999
8	1.100 000	1.200 000	1.300 000

一般形式的方程组高斯-赛德尔公式为

$$x_i^{(k+1)} = \frac{1}{a_{ii}}\left(b_i - \sum_{j=1}^{i-1} a_{ij}x_j^{(k+1)} - \sum_{j=i+1}^{n} a_{ij}x_j^{(k)}\right) \tag{7.3}$$

其特点是，一旦求出变元 x_i 的某个新值后，将用新值 $x_i^{(k+1)}$ 来代替老值 $x_i^{(k)}$ 进行剩下的计算。偏差 $e=\max\limits_{1\leqslant i\leqslant n}|x_i^{(k+1)}-x_i^{(k)}|$ 小于给定精度 ε 时，计算终止。

实际应用时，高斯-赛德尔法与雅可比迭代法各有千秋，雅可比迭代法收敛，而高斯-赛德尔法发散。

7.1.3　超松弛迭代法

迭代法的困难是计算量难以估计，有时迭代虽然收敛，但由于收敛速度缓慢，使计算量变得很大，从而失去使用价值，因此迭代过程要采取加速技术。

所谓松弛法，实质是高斯-赛德尔迭代法的一种加速方法，这种方法将前一步结果 $x_i^{(k)}$ 与高斯-赛德尔迭代值 $x_i^{(k+1)}$ 适当加权平均，期望获得更好的近似值，具体公式为

迭代：$\tilde{x}_i^{(k+1)} = \dfrac{1}{a_{ii}}\left(b_i - \sum\limits_{j=1}^{i-1} a_{ij}x_j^{(k+1)} - \sum\limits_{j=i+1}^{n} a_{ij}x_j^{(k+1)}\right)$

加速：$x_i^{(k+1)} = \omega\tilde{x}_i^{(k+1)} + (1-\omega)x_i^{(k)}$

合并：$$x_i^{(k+1)} = (1-\omega)x_i^{(k)} + \frac{\omega}{a_{ii}}\left(b_i - \sum_{j=1}^{i-1} a_{ij}x_j^{(k+1)} - \sum_{j=i+1}^{n} a_{ij}x_j^{(k+1)}\right) \tag{7.4}$$

ω 称为松弛因子，当 $\omega=1$ 时就是高斯-赛德尔迭代法。可以证明，为保证迭代过程收敛，要求 $0<\omega<2$。因为 $\tilde{x}_i^{(k+1)}$ 比 $x_i^{(k)}$ 准确，所以在加速公式中加大 $\tilde{x}_i^{(k+1)}$ 的比重，为此取 $1<\omega<2$，即为超松弛法，简称 SOR 方法。ω 值由方程组系数结合实践计算来选取。

7.1.4　迭代公式的矩阵表示

方程组矩阵表示为 $\boldsymbol{AX}=\boldsymbol{b}$，式中

$$A=\begin{bmatrix}a_{11} & a_{12} & \cdots & a_{1n}\\ a_{21} & a_{22} & \cdots & a_{1n}\\ \vdots & \vdots & & \vdots\\ a_{n1} & a_{n2} & \cdots & a_{nn}\end{bmatrix},\ b=\begin{bmatrix}b_1\\ b_2\\ \vdots\\ b_n\end{bmatrix},\ x=\begin{bmatrix}x_1\\ x_2\\ \vdots\\ x_n\end{bmatrix}$$

将 A 分解为

$$A=\begin{bmatrix}0 & & & & \\ a_{21} & 0 & & & \\ a_{31} & a_{32} & 0 & & \\ \vdots & \vdots & \ddots & \ddots & \\ a_{n1} & a_{n2} & \cdots & a_{n(n-1)} & 0\end{bmatrix}+\begin{bmatrix}a_{11} & & & \\ & a_{22} & & \\ & & a_{33} & \\ & & & \ddots \\ & & & & a_{nn}\end{bmatrix}+\begin{bmatrix}0 & a_{12} & a_{13} & \cdots & a_{1n}\\ & 0 & a_{23} & \cdots & a_{2n}\\ & & \ddots & \ddots & \vdots\\ & & & 0 & a_{n-1,n}\\ & & & & 0\end{bmatrix}$$

$$=L+D+U$$

其中 D 为对角阵，L 和 U 分别为严格下三角阵和严格上三角阵。

(1) 雅可比迭代法矩阵表示为

$$X^{(k+1)}=D^{-1}(b-LX^{(k)}-UX^{(k)})$$

或

$$X^{(k+1)}=D^{-1}b-D^{-1}(L+U)X^{(k)}$$

$$X^{(k+1)}=D^{-1}b+(I-D^{-1}A)X^{(k)} \tag{7.5}$$

(2) 高斯-赛德尔迭代法矩阵表示为

$$X^{(k+1)}=D^{-1}(b-LX^{(k+1)}-UX^{(k)})$$

即

$$X^{(k+1)}=(D+L)^{-1}b-(D+L)^{-1}UX^{(k)} \tag{7.6}$$

(3) 松弛法矩阵表示为

$$X^{(k+1)}=(1-\omega)X^{(k)}+\omega D^{-1}(b-LX^{(k+1)}-UX^{(k)})$$

即

$$X^{(k+1)}=(D-\omega L)^{-1}[(1-\omega)D-\omega U]X^{(k)}+\omega(D+L\omega)^{-1}b \tag{7.7}$$

上面三种方法均可写成 $X^{(k+1)}=GX^{(k)}+d$ 的迭代形式，收敛性与矩阵 G 的性态有关。

7.2 向量和矩阵的范数

7.2.1 向量的范数

为研究迭代过程的收敛性，需要对向量的“大小”引进某种度量——向量与矩阵的范数。

对于向量 $X=(x_1,x_2,\cdots,x_n)^T$，其范数记为 $\|X\|$，它是一个实数，且满足下列三项条件：

(1) (非负性)对于任意向量 X，$\|X\|\geqslant 0$，当且仅当 $X=0$ 时，$\|X\|=0$；

(2) (齐次性)对任意实数 λ 及任意向量 X，有 $\|\lambda X\|=\|\lambda\|\cdot\|X\|$；

(3) (三角不等式)对任意向量 X 和 Y，有 $\|X+Y\|\leqslant\|X\|+\|Y\|$。

常用的向量范数有以下几种：

(1) 2—范数

$$\|X\|_2 = \sqrt{\sum_{i=1}^{n} x_i^2} \tag{7.8}$$

(2) ∞—范数

$$\|X\|_\infty = \max_{1 \leqslant i \leqslant n} |x_i| \tag{7.9}$$

(3) 1—范数

$$\|X\|_1 = \sum_{i=1}^{n} |x_i| \tag{7.10}$$

例 7.2　计算 $X=(1, 2, -1, 2)^T$ 的三种范数。

解

$$\|X\|_2 = \sqrt{\sum_{i=1}^{n} x_i^2} = \sqrt{1+0+1+4} = \sqrt{6}$$

$$\|X\|_\infty = \max_{1 \leqslant i \leqslant n} |x_i| = \max\{1, 0, 1, 2\} = 2$$

$$\|X\|_1 = \sum_{i=1}^{n} |x_i| = 1+0+1+2 = 4$$

以上三种范数是 p^- 范数的特例，$p=1, 2$ 时，很显然为 1—范数和 2—范数，当 $p\to\infty$ 时，$\|X\|_p \to \|X\|_\infty$。

定理 7.1　任意向量 X，$\lim\limits_{p\to\infty}\|X\|_p = \|X\|_\infty$。

按照不同方式规定的范数，其值一般不相同，但在各种范数下考虑向量序列收敛性时，却表现出明显的一致性，这就是向量范数的等价性。

如果存在正数 C_1，C_2 使对任意向量 X，均有 $\|X\|_p \leqslant C_1 \|X\|_q$，$\|X\|_q \leqslant C_2 \|X\|_p$，则称 $\|X\|_p$ 与 $\|X\|_q$ 等价。可以证明三种常用的范数 $\|X\|_1$、$\|X\|_2$ 和 $\|X\|_\infty$ 彼此等价。

向量序列 $X^{(k)}$ 收敛到向量 X^* 的充要条件是，对任意给定的 p，当 $K\to\infty$ 时，$\|X^{(k)}-X^*\|_p \to 0$。

7.2.2　矩阵的范数

对于给定的 n 阶方阵，将 $\frac{\|AX\|}{X}$ 的上界定义为 A 的范数 $\|A\|$，即 $\|A\| = \max\limits_{X\neq 0}\frac{\|AX\|}{X}$。由定义可知，$\frac{\|AX\|}{\|X\|} \leqslant \|A\|$，即 $\|AX\| \leqslant \|A\| \cdot \|X\|$。因此矩阵范数具有下列基本性质：

(1) 对于任意方阵 A，$\|A\| \geqslant 0$，当且仅当 $A=0$ 时，$\|A\|=0$；

(2) 对任意实数及任意方阵 A，$\|\lambda A\| = |\lambda| \cdot \|A\|$；

(3) 对任意两个同阶方阵 A 和 B，有 $\|A+B\| \leqslant \|A\| + \|B\|$，$\|AB\| \leqslant \|A\| \cdot \|B\|$。

因为 $\|A\| = \max\limits_{X\neq 0}\frac{AX}{X} = \max\limits_{X\neq 0}\left\|A\left(\frac{X}{\|X\|}\right)\right\|$，而 $\left\|\frac{X}{\|X\|}\right\| = 1$，故矩阵范数可以等价定义为 $\|A\| = \max\limits_{X\neq 0}\frac{AX}{X}\|AX\|$，相应的 p—范数定义为 $\|A\|_p = \max\limits_{\|X\|_p=1}\|AX\|_p$

定理 7.2　对于 n 阶方阵，有

$$\|A\|_1 = \max_{1\leqslant j\leqslant n}\sum_{i=1}^{n} |a_{ij}|$$

$$\|A\|_\infty = \max_{1\leqslant j\leqslant n}\sum_{j=1}^{n} |a_{ij}|$$

$\|A\|_2 = \sqrt{\lambda_{\max}\ (A^{\mathrm T}A)}$ （表示方阵 $A^{\mathrm T}A$ 的最大特征值的正平方根）

例 7.3 计算 $A=\begin{bmatrix}1 & -2\\ -3 & 4\end{bmatrix}$的三种范数。

解 $\|A\|_1=\max(4,6)=6$，$\|A\|_\infty=\max(3,7)=7$

$$A^{\mathrm T}A=\begin{bmatrix}10 & -14\\ -14 & 20\end{bmatrix}$$

$$|\lambda I-A^{\mathrm T}A|=\begin{vmatrix}\lambda-10 & 14\\ 14 & \lambda-20\end{vmatrix}=\lambda^2-30\lambda+4=0$$

$$\lambda=\frac{30\pm\sqrt{900-16}}{2}=15\pm\sqrt{221}$$

$$\|A\|_2=\sqrt{15+\sqrt{221}}$$

7.2.3 矩阵的谱半径

设 n 阶方阵 A 的特征值为 λ_1，λ_2，…，λ_n，则称 $\rho(A)=\max\limits_{1\leqslant i\leqslant n}|\lambda_i|$ 为 A 的谱半径。

定理 7.3 $\rho(A)\leqslant\|A\|$

证 对于 n 阶方阵 A，设 $\lambda_1=\max\limits_{1\leqslant i\leqslant n}|\lambda_i|$，即 $\rho(A)=\lambda_1$，对应特征向量 u_1，u_1 为非零向量，则

$$\lambda_1 u_1 = Au_1$$

两边取范数得到：

$$|\lambda_1|\ \|u_1\| = \|\lambda_1 u_1\| = \|Au_1\| \leqslant \|A\|\cdot\|u_1\|$$

而 $\|u_1\|>0$，所以有

$$|\lambda_1|\leqslant\|A\|$$

因此

$$\rho(A)\leqslant\|A\|$$

7.3 迭代过程的收敛性

7.3.1 迭代收敛的充分条件

由 7.1 节中迭代格式的矩阵形式知，方程组 $AX=b$ 的雅克比迭代法、高斯-赛德尔迭代法和松驰法的矩阵形式都可以写成

$$X^{(k+1)} = GX^{(k)} + d \tag{7.11}$$

当然，不同的迭代法其迭代矩阵 G 和 d 的元素也不同。所以我们讨论迭代格式(7.11)的

收敛性具有普遍意义。下面我们不加证明地给出迭代格式(7.11)收敛的充分必要条件。

定理 7.4　对任意初始向量 $\boldsymbol{X}^{(0)}$ 及常向量 $\boldsymbol{d}$，迭代格式(7.11)收敛的充分必要条件是 $\boldsymbol{\rho}(\boldsymbol{G})<1$。

这一结论在理论上是颇为重要的，但实际用起来不甚方便，为此我们着重研究更为实用的判别迭代格式收敛的充分条件。

定理 7.5　对于方阵 $\boldsymbol{G}$，若 $\|\boldsymbol{G}\|<1$，则 $\boldsymbol{I}-\boldsymbol{G}$ 为非奇异。

证明　(反证法)若 $\boldsymbol{I}-\boldsymbol{G}$ 为奇异阵，则存在非零向量 $\boldsymbol{X}$，使

$$(\boldsymbol{I}-\boldsymbol{G})\boldsymbol{X}=0\text{，有 }\boldsymbol{X}=\boldsymbol{G}\boldsymbol{X}$$

$$\|\boldsymbol{X}\|=\|\boldsymbol{G}\boldsymbol{X}\|\leqslant\|\boldsymbol{G}\|\cdot\|\boldsymbol{X}\|$$

由于 $\|\boldsymbol{X}\|\neq 0$ 推导出 $\|\boldsymbol{G}\|\geqslant 1$ 与题设 $\|\boldsymbol{G}\|<1$ 矛盾，所以 $I-G$ 为非奇异。

对于方程组 $\boldsymbol{A}\boldsymbol{X}=\boldsymbol{b}$ 的迭代法，先将它改写成 $\boldsymbol{X}=\boldsymbol{G}\boldsymbol{X}+\boldsymbol{d}$ 的形式，据此迭代公式为 $\boldsymbol{X}^{(k+1)}=\boldsymbol{G}\boldsymbol{X}^{(k)}+\boldsymbol{d}$，收敛性与矩阵 $\boldsymbol{G}$ 的性态有关。

定理 7.6　若迭代公式 $\boldsymbol{G}$ 满足 $\|\boldsymbol{G}\|<1$，则迭代公式 $\boldsymbol{X}^{(k+1)}=\boldsymbol{G}\boldsymbol{X}^{(k)}+\boldsymbol{d}$ 对于任意 $\boldsymbol{X}^{(0)}$ 均收敛。

证法一　由 $\|\boldsymbol{G}\|<1$，根据定理 5 知 $\boldsymbol{I}-\boldsymbol{G}$ 为非奇异。因此方程组 $(\boldsymbol{I}-\boldsymbol{G})\boldsymbol{X}=\boldsymbol{d}$ 有唯一解

$$\boldsymbol{X}^*=\boldsymbol{G}\boldsymbol{X}^*+\boldsymbol{d}$$

$$\boldsymbol{X}^{(k)}=\boldsymbol{G}\boldsymbol{X}^{(k-1)}+\boldsymbol{d}$$

两式相减

$$\begin{aligned}\|\boldsymbol{X}^{(k)}-\boldsymbol{X}^*\|&=\|\boldsymbol{G}(\boldsymbol{X}^{(k-1)}-\boldsymbol{X}^*)\|\\&\leqslant\|\boldsymbol{G}\|\cdot\|\boldsymbol{X}^{(k-1)}-\boldsymbol{X}^*\|\\&\leqslant\|\boldsymbol{G}\|^2\cdot\|\boldsymbol{X}^{(k-2)}-\boldsymbol{X}^*\|\\&\leqslant\|\boldsymbol{G}\|^k\cdot\|\boldsymbol{X}^{(0)}-\boldsymbol{X}^*\|\end{aligned}$$

因为 $\|\boldsymbol{G}\|<1$，当 $k\to\infty$ 时，$\|\boldsymbol{X}^{(k)}-\boldsymbol{X}^*\|\to 0$，故迭代收敛。

证法二　根据定理 3 可知，$\rho(\boldsymbol{G})\leqslant\|\boldsymbol{G}\|<1$，由定理 4 得到，迭代公式 $\boldsymbol{X}^{(k+1)}=\boldsymbol{G}\boldsymbol{X}^{(k)}+\boldsymbol{d}$ 对于任意 $\boldsymbol{X}^{(0)}$ 均收敛。

例 7.4　$\boldsymbol{A}=\begin{bmatrix}2&-1\\-1&2\end{bmatrix}$，$b=\begin{bmatrix}1\\2\end{bmatrix}$，用迭代法 $\boldsymbol{x}^{(k+1)}=\boldsymbol{x}^{(k)}-\omega(\boldsymbol{A}\boldsymbol{x}^{(k)}-\boldsymbol{b})$ 求解 $\boldsymbol{A}\boldsymbol{x}=\boldsymbol{b}$，试确定可使迭代收敛的 ω 取值范围。

解　$\boldsymbol{x}^{(k+1)}=\boldsymbol{x}^{(k)}-\omega(\boldsymbol{A}\boldsymbol{x}^{(k)}-b)=(\boldsymbol{I}-\omega\boldsymbol{A})\boldsymbol{x}^{(k)}+\omega\boldsymbol{b}$ 迭代矩阵为

$$\boldsymbol{B}=\boldsymbol{I}-\omega\boldsymbol{A}=\begin{bmatrix}1-2\omega&\omega\\\omega&1-2\omega\end{bmatrix}$$

$$|\lambda\boldsymbol{I}-\boldsymbol{B}|=\begin{vmatrix}\lambda-1+2\omega&-\omega\\-\omega&\lambda-1+2\omega\end{vmatrix}=(\lambda+3\omega-1)(\lambda+\omega-1)=0$$

$$\lambda_1=1-3\omega,\ \lambda_2=1-\omega$$

所以 $\rho(\boldsymbol{B})=\max\{|1-3\omega|,|1-\omega|\}<1$，即

$$\begin{cases}|1-3\omega|<1\\|1-\omega|<1\end{cases}$$

解得

$$0<\omega<\frac{2}{3}$$

对于例 7.1，线性方程组$\begin{cases}10x_1-x_2-2x_3=7.2\\-x_1+10x_2-2x_3=8.3\\-x_1-x_2+5x_3=4.2\end{cases}$，雅可比迭代法的迭代矩阵为

$$\boldsymbol{G}_1=\begin{bmatrix}0 & 0.1 & 0.2\\0.1 & 0 & 0.2\\0.2 & 0.2 & 0\end{bmatrix}$$

高斯-赛德尔迭代法的迭代矩阵为

$$\boldsymbol{G}_2=\begin{bmatrix}0 & 0.1 & 0.2\\0 & 0.01 & 0.22\\0 & 0.022 & 0.084\end{bmatrix}$$

而 $\|\boldsymbol{G}_1\|_\infty=0.4<1$，$\|\boldsymbol{G}_2\|_\infty=0.3<1$，故雅可比迭代法和高斯-赛德尔迭代法均收敛。

7.3.2 对角占优方程组

如果矩阵 $\boldsymbol{A}$ 主对角线元素的绝对值大于同行其他元素绝对值之和，即 $\sum_{\substack{j=1\\j\neq i}}^{n}|a_{ij}|<|a_{ii}|$ $(i=1,2,\cdots,n)$，则称 $\boldsymbol{A}$ 为对角占优矩阵。

定理 7.7 若 $\boldsymbol{A}$ 为对角占优矩阵，则它是为非奇异的。

定理 7.8 对角占优方程组 $AX=b$ 的雅可比迭代法 $X^{(k+1)}=D^{-1}b+(I-D^{-1}A)X^{(k)}$ 和高斯-赛德尔迭代法 $X^{(k+1)}=-(D+L)^{-1}UX^{(k)}+(D+L)^{-1}b$ 均收敛。

注意，定理 7.8 是充分条件，不是必要条件。不是对角占优方程组，有时可转化为对角占优方程组，如$\begin{cases}3x_1-10x_2=-7\\9x_1-4x_2=5\end{cases}$交换次序得到：$\begin{cases}9x_1-4x_2=5\\3x_1-10x_2=-7\end{cases}$，此时对角占优，两种迭代方法收敛。

7.4 消去法

求解线性方程组的另一类重要方法是直接法，消去法是最基本的一种直接法。消去法的基本思想是，将一个方程乘或除以某个常数，以及将两个方程相加减的这两种方法，逐步减少方程中变元的数目，最终使每个方程仅含一个变元，从而得出所求的解。

消去法有约当消去法和高斯消去法两种。

7.4.1 约当消去法

例 7.5 求解方程组

$$\begin{cases}2x_1-x_2+3x_3=1 & (1)\\4x_1-2x_2+5x_3=4 & (2)\\x_1+2x_2=7 & (3)\end{cases}$$

解　将(1)式 x_1 的系数化为1，并消去(2)、(3)式中的 x_1 项，得到

$$\begin{cases} x_1 - 0.5x_2 + 1.5x_3 = 0.5 & (4) \\ 4x_2 - x_3 = 2 & (5) \\ 2.5x_2 - 1.5x_3 = 6.5 & (6) \end{cases}$$

将(5)式的系数化为1，并消去其余两个方程中 x_2 项，得到

$$\begin{cases} x_1 + 1.375x_3 = 0.75 & (7) \\ x_2 - 0.25x_3 = 0.5 & (8) \\ -0.875x_3 = 5.25 & (9) \end{cases}$$

在将(9)式中 x_3 系数化为1，并消去其余两个方程中 x_3 项，得到

$$x_1 = 9,\ x_2 = -1,\ x_3 = -6$$

约当消去法的特点是，每一步仅在一个方程组中保留某个变元，从其余的各方程中消去该元，这样反复消元后，方程组最终加工成每个方程仅含一个变元的形式，从而得出所求的解。约当消去法总的计算量为$\frac{1}{2}n^3$。流程如图7-1所示。

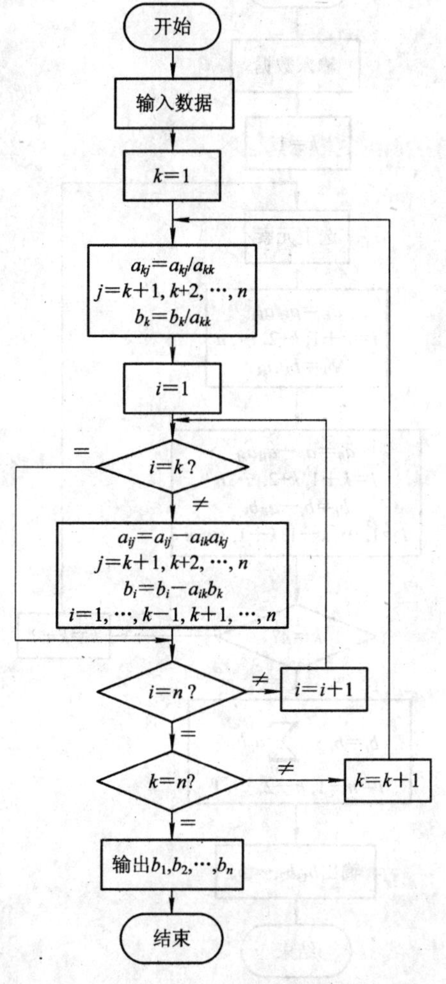

图7-1　约当消去法流程

7.4.2 高斯消去法

高斯消去法是约当消去法的改进，减少了计算量。在上例中，第二步只消去第(3)个方程的 x_2 项，第(1)个方程 x_2 项不改变，第三步只把第(3)方程 x_2 系数变为 1，可变为

$$\begin{cases} x_1 - 0.5x_2 + 1.5x_3 = 0.5 & (1) \\ x_2 - 0.25x_3 = 0.5 & (2) \\ x_3 = -6 & (3) \end{cases}$$

把 $x_3=-6$ 代入第(2)方程，解出 $x_2=-1$，再把 $x_3=-6$ 和 $x_2=-1$ 代入第(1)个方程得到：

$$x_1 = 9$$

高斯消去法分消元过程和回代两个环节，计算量为 $\frac{1}{3}n^3$。高斯消去法流程如图 7－2 所示。

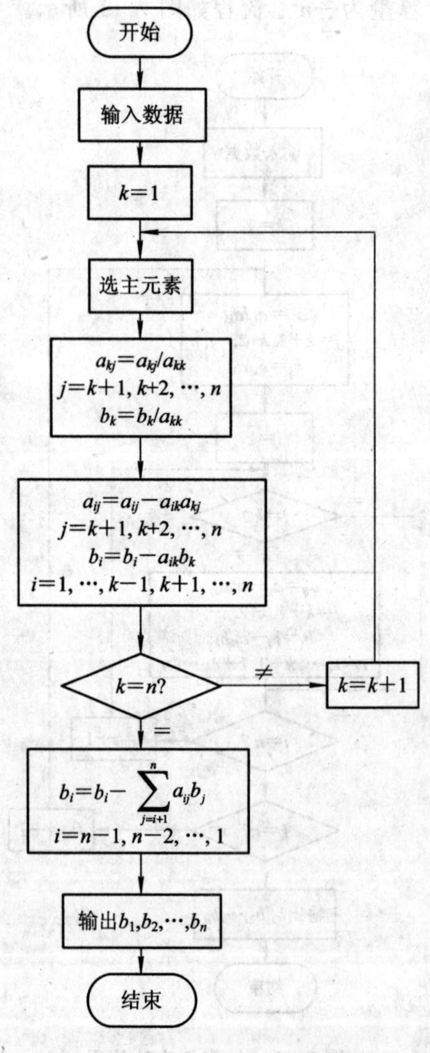

图 7－2 高斯消去法流程

例 7.6　求下面方程组的解：

$$\begin{cases} x_1 + x_2 - x_3 = 3 \\ 2x_1 - x_2 + 3x_3 = 0 \\ -x_1 - 2x_2 + 2x_3 = -5 \end{cases}$$

解

$$\begin{cases} x_1 + x_2 - x_3 = 3 \\ -3x_2 + 5x_3 = -6 \\ -x_2 + x_3 = -2 \end{cases}$$

$$\Rightarrow \begin{cases} x_1 + x_2 - x_3 = 3 \\ x_2 - \dfrac{5}{3}x_3 = 2 \\ -\dfrac{2}{3}x_3 = 0 \end{cases}$$

$$\Rightarrow \begin{cases} x_1 + x_2 - x_3 = 3 \\ x_2 - \dfrac{5}{3}x_3 = 2 \\ x_3 = 0 \end{cases}$$

$$\Rightarrow \begin{cases} x_1 = 1 \\ x_2 = 2 \\ x_3 = 0 \end{cases}$$

7.4.3　选主元法

高斯消去法的消元过程，第 k 步要用 $a_{kk}^{(k)}$ 做除法，这要求它们全不为 0。

定理 7.9　假设方程 $\sum_{j=1}^{n} a_{ij}x_j = b_i$ 是对角占优的，则 $a_{kk}^{(k)}(k=1, 2, \cdots, n)$全不为 0。

对于对角占优方程，可以不用考虑 $a_{kk}^{(k)}$，它一定不为 0。那么对于其它情形又如何呢？例如

$$\begin{cases} 10^{-5}x_1 + x_2 = 1 \\ x_1 + x_2 = 2 \end{cases} \text{的精确解为} \begin{cases} x_1 \approx 1 \\ x_2 \approx 1 \end{cases}$$

采用高斯消去法，方程变为

$$\begin{cases} x_1 + 10^5 x_2 = 10^5 \\ (1-10^5)x_2 = 2 - 10^5 \end{cases} \Rightarrow \begin{cases} x_1 = 0 \\ x_2 = 1 \end{cases}$$

结果严重失真。

应将方程组改写为

$$\begin{cases} x_1 + x_2 = 2 \\ 10^5 x_1 + x_2 = 1 \end{cases} \Rightarrow \begin{cases} x_1 + x_2 = 2 \\ (1-10^5)x_2 = 1 - 2\times 10^{-5} \end{cases} \Rightarrow \begin{cases} x_1 = 1 \\ x_2 = 2 \end{cases}$$

运用上面技巧，第 k 步从 x_k 各个系数 $a_{kk}^{(k-1)}$，$a_{k+1,k}^{(k-1)}$，…，$a_{nk}^{(k-1)}$ 的绝对值中挑选最大者为第 k 步主元素，设$|a_{lk}^{(k-1)}| = \max\limits_{k\leqslant i\leqslant n}|a_{ik}^{(k-1)}|$，若 $l\neq k$，则第 l 方程与第 k 方程互换位置，这

一过程称做选主元消去法。选主元流程如图 7-3 所示。

例 7.7 求解线性方程组：

$$\begin{cases}-3x_1+2x_2+6x_3=4\\10x_1-7x_2+0x_3=7\\5x_1-x_2+5x_3=6\end{cases}$$

解

$$\begin{cases}10x_1-7x_2+0x_3=7\\-3x_1+2x_2+6x_3=4\\5x_1-x_2+5x_3=6\end{cases}\Rightarrow\begin{cases}x_1-0.7x_2+0x_3=0.7\\-0.1x_2+6x_3=6.1\\2.5x_2+5x_3=2.5\end{cases}$$

$$\Rightarrow\begin{cases}x_1-0.7x_2+0x_3=0.7\\2.5x_2+5x_3=2.5\\-0.1x_2+6x_3=6.1\end{cases}\Rightarrow\begin{cases}x_1-0.7x_2+0x_3=0.7\\x_2+2x_3=1\\6.2x_3=6.2\end{cases}$$

$$\Rightarrow\begin{cases}x_1-0.7x_2+0x_3=0.7\\x_2+2x_3=1\\x_3=1\end{cases}\Rightarrow\begin{cases}x_1=0\\x_2=-1\\x_3=1\end{cases}$$

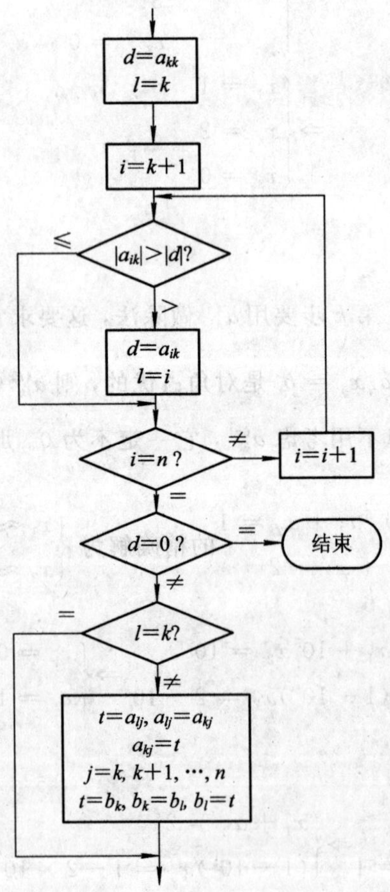

图 7-3 选主元流程

定理 7.10　假设方程 $\sum_{j=1}^{n} a_{ij}x_j = b_i$ 是对角占优的，则 $a_{kk}^{(k-1)}(k=1, 2, \cdots, n)$ 全是主元素。

从定理 7.10 可知，对于对角占优的方程，可以不选主元。

7.5 追　赶　法

7.5.1　三对角方程组

在数值计算中，比如三次样条插值，或差分方法解微分方程边值问题，都会遇到下列形式的方程组

$$\begin{cases} b_1 x_1 + c_1 x_2 = d_1 \\ a_2 x_1 + b_2 x_2 + c_2 x_3 = d_2 \\ \vdots \\ a_{n-1} x_{n-2} + b_{n-1} x_{n-1} + c_{n-1} x_n = d_{n-1} \\ a_n x_{n-1} + b_n x_n = d_n \end{cases}$$

用矩阵表示，简记 $\boldsymbol{AX}=\boldsymbol{d}$ 系数 $\boldsymbol{A}$ 为

$$\boldsymbol{A} = \begin{bmatrix} b_1 & c_1 & & & & \\ a_2 & b_2 & c_2 & & & \\ & a_3 & b_3 & c_3 & & \\ & & \ddots & \ddots & \ddots & \\ & & & a_{n-1} & b_{n-1} & c_{n-1} \\ & & & & a_n & b_n \end{bmatrix}$$

这是一个特殊的稀疏阵，其非零元素集中分布在主对角线及其相邻两条对角线上，故称为三对角矩阵。

7.5.2　追赶法的计算公式

1. 消元过程

采用高斯消去法，先从第(2)个方程中消去 x_1，然后从第(3)个方程中消去 x_2，以此类推，可将方程组加工成下列形式

$$\begin{cases} x_1 + u_1 x_2 = y_1 \\ x_2 + u_2 x_3 = y_2 \\ x_3 + u_3 x_4 = y_3 \\ \vdots \\ x_{n-1} + u_{n-1} x_n = y_{n-1} \\ x_n = y_n \end{cases}$$

其中

$$u_1 = \frac{c_1}{b_1}, \quad y_1 = \frac{d_1}{b_1}$$

$$u_i = \frac{c_i}{b_i - u_{i-1}a_i} \quad (i = 2, 3, \cdots, n-1)$$

$$y_i = \frac{d_i - y_{i-1}a_i}{b_i - u_{i-1}a_i} \quad (i = 2, 3, \cdots, n)$$

2. 回代过程

$$\begin{cases} x_n = y_n \\ x_i = y_i - u_i x_{i+1} \end{cases} \quad i = n-1, n-2, \cdots, 1$$

以上就是解方程组的追赶法，它分追和赶的两个环节，追的过程为计算 $u_1 \to u_2 \to \cdots \to u_{n-1}$ 和 $y_1 \to y_2 \to \cdots \to y_n$，赶的过程为按逆序计算 $x_n \to x_{n-1} \to \cdots \to x_1$。

追赶法原理与高斯消去法相同，但由于它考虑到方程组的具体计算特点，计算时将系数中大量零元素撇开，从而大大节省了计算量，计算量仅为 $5n$ 次乘除法。

7.5.3 追赶法的代数基础

追赶法是将 $\boldsymbol{A}$ 分解为 $\boldsymbol{L}$ 和 $\boldsymbol{U}$：

$$\boldsymbol{A} = \begin{bmatrix} b_1 & c_1 & & & & \\ a_2 & b_2 & c_2 & & & \\ & a_3 & b_3 & c_3 & & \\ & & \ddots & \ddots & \ddots & \\ & & & a_{n-1} & b_{n-1} & c_{n-1} \\ & & & & a_n & b_n \end{bmatrix}$$

$$\boldsymbol{U} = \begin{bmatrix} 1 & u_1 & & & \\ & 1 & u_2 & & \\ & & \ddots & \ddots & \\ & & & 1 & \\ & & & & u_{n-1} \\ & & & & 1 \end{bmatrix}, \quad \boldsymbol{L} = \begin{bmatrix} l_1 & & & & \\ a_2 & l_2 & & & \\ & a_3 & l_3 & & \\ & \ddots & \ddots & \ddots & \\ & & a_{n-1} & l_{n-1} & \\ & & & a_n & l_n \end{bmatrix}$$

定理 7.11 设三对角阵 $\boldsymbol{A}$ 是对角占优，则它可唯一地分解成矩阵 $\boldsymbol{L}$ 和 $\boldsymbol{U}$，使 $\boldsymbol{A}=\boldsymbol{LU}$，其中 $\boldsymbol{U}$ 为单位上二对角阵，$\boldsymbol{L}$ 为下二对角阵。

计算过程为

$$l_1 = b_1, \quad u_1 = \frac{c_1}{l_1}$$

$$l_i = b_i - u_{i-1}a_i \quad (i = 2, 3, \cdots, n)$$

$$u_i = \frac{c_i}{l_i} \quad (i = 2, 3, \cdots, n-1)$$

计算过程次序为

$$l_1 \to u_1 \to l_2 \to u_2 \to \cdots \to u_{n-1} \to l_n$$

$$\boldsymbol{AX} = \boldsymbol{d} \Rightarrow \boldsymbol{L}(\boldsymbol{UX}) = \boldsymbol{d}$$

可分解成 $\boldsymbol{LY}=\boldsymbol{d}$，$\boldsymbol{UX}=\boldsymbol{Y}$ 两个方程组。由 $\boldsymbol{LY}=\boldsymbol{d}$ 得到

$$y_1 = \frac{d_1}{b_1}, \quad y_i = \frac{d_i - y_{i-1}a_i}{l_i} \quad (i = 2, 3, \cdots, n)$$

解 $\boldsymbol{UX}=\boldsymbol{Y}$ 得到

$$x_n = y_n, \quad x_i = y_i - u_i x_{i+1} \quad (i = n-1, n-2)$$

这样求解可归结为以下三步：

(1) 次序计算：$l_1 \to u_1 \to l_2 \to u_2 \to \cdots \to u_{n-1} \to l_n$。

(2) 顺序求 $y_1 \to y_2 \to \cdots \to y_n$。

(3) 逆序求 $x_n \to x_{n-1} \to \cdots \to x_1$。

追赶法流程如图 7-4 所示。

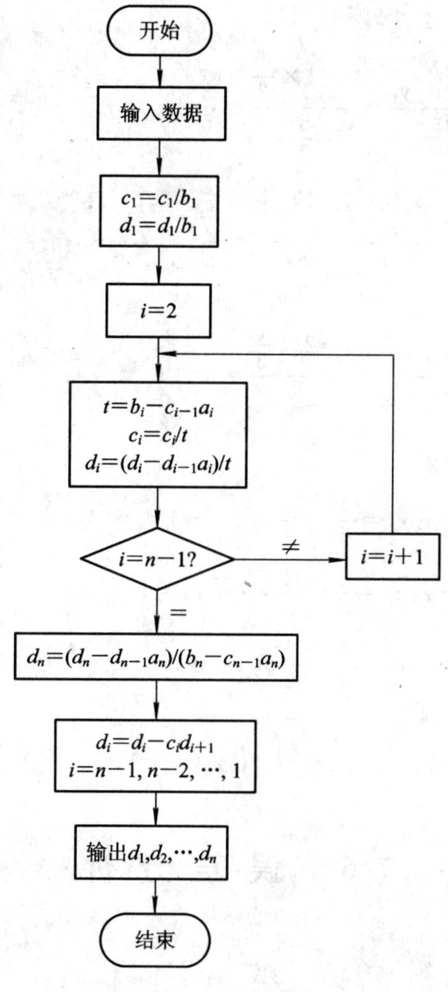

图 7-4　追赶法流程

例 7.8 用追赶法求解三对角方程

$$\begin{bmatrix} 2 & 1 & & \\ 1 & 3 & 1 & \\ & 1 & 1 & 1 \\ & & 2 & 1 \end{bmatrix}\begin{bmatrix} x_1 \\ x_2 \\ x_3 \\ x_4 \end{bmatrix}=\begin{bmatrix} 1 \\ 2 \\ 2 \\ 0 \end{bmatrix}$$

解

$$l_1=b_1=2,\ u_1=\frac{c_1}{l_1}=\frac{1}{2}$$

$$l_2=b_2-a_2u_1=3-1\times\frac{1}{2}=\frac{5}{2},\ u_2=\frac{c_2}{l_2}=\frac{2}{5}$$

$$l_3=b_3-a_3u_2=1-1\times\frac{2}{5}=\frac{3}{5},\ u_3=\frac{c_3}{l_3}=\frac{5}{3}$$

$$l_4=b_4-a_4u_3=1-2\times\frac{5}{3}=-\frac{7}{3}$$

$$y_1=\frac{d_1}{l_1}=\frac{1}{2}$$

$$y_2=\frac{d_2-a_2y_1}{l_2}=\frac{2-1\times\frac{1}{2}}{\frac{5}{2}}=\frac{3}{5}$$

$$y_3=\frac{d_3-a_3y_2}{l_3}=\frac{2-1\times\frac{3}{5}}{\frac{3}{5}}=\frac{7}{3}$$

$$y_4=\frac{d_4-a_4y_3}{l_4}=\frac{0-2\times\frac{7}{3}}{-\frac{7}{3}}=2$$

$$x_4=y_4=2$$

$$x_3=y_3-u_3x_4=\frac{7}{3}-\frac{5}{3}\times 2=-1$$

$$x_2=y_2-u_2x_3=\frac{3}{5}-\frac{2}{5}\times(-1)=1$$

$$x_1=y_1-u_1x_2=\frac{1}{2}-\frac{1}{2}\times 1=0$$

所以

$$x_1=0,\ x_2=1,\ x_3=-1,\ x_4=2$$

7.6 误差分析

7.6.1 方程组的病态

在现实方程组中，其系数往往含有误差，因此必须研究扰动对解的影响问题。

例 7.9 考察方程组

$$\begin{cases} x_1 + x_2 = 2 \\ x_1 + 1.0001x_2 = 2.0001 \end{cases} \quad \text{和} \quad \begin{cases} x_1 + x_2 = 2 \\ x_1 + 1.0001x_2 = 2 \end{cases}$$

上述两个方程组仅系数有微小的差别，但两者的解却大不相同。第一方程组 $x_1=1$，$x_2=1$；第二方程组 $x_1=2$，$x_2=0$，这类方程组称为病态方程组。

为了定量地刻画方程组的“病态”程度，对一般方程组 $AX=b$ 进行讨论。

首先考察 b 的扰动对解的影响，δb 表示右端项 b 的扰动，相应的解 X 的扰动记为 δX

$$A(X+\delta X) = b+\delta b$$

从中消去 $AX=b$，得到 $A\delta X=\delta b$，故有 $\delta X=A^{-1}\delta b$

$$\| \delta X \| = \| A^{-1}\delta b \| \leqslant \| A^{-1} \| \cdot \| \delta b \|$$

另一方面

$$\| b \| = \| AX \| \leqslant \| A \| \cdot \| X \|，有 \frac{1}{\| X \|} \leqslant \frac{\| A \|}{b}$$

两式相乘

$$\frac{\| \delta X \|}{\| X \|} \leqslant \| A \| \cdot \| A^{-1} \| \frac{\| \delta b \|}{\| b \|}$$

再考察 A 的扰动对解的影响，δA 表示 A 的扰动，相应的解 X 的扰动记为 δX

$$(A+\delta A)(X+\delta X) = b$$

从中消去 $AX=b$，得到 $A\delta X+\delta A(X+\delta X)=0$，故有 $\delta X=-A^{-1}\delta A(X+\delta X)$

$$\| \delta X \| = \| A^{-1}\delta A(X+\delta X) \| \leqslant \| A^{-1} \| \cdot \| \delta A \| \cdot (\| X \| + \| \delta X \|)$$

假设 δA 足够小，使 $\| A^{-1} \| \cdot \| \delta A \| < 1$，由上式得到

$$\frac{\| \delta X \|}{X} \leqslant \frac{\| A^{-1} \| \cdot \| \delta A \|}{1 - \| A^{-1} \| \cdot \| \delta A \|}$$

记 $\text{cond}(A) = \| A^{-1} \| \cdot \| A \|$ 为 A 的条件数，上式变为

$$\frac{\| \delta X \|}{X} \leqslant \frac{\text{cond}(A) \cdot \frac{\| \delta A \|}{\| A \|}}{1 - \text{cond}(A) \cdot \frac{\| \delta A \|}{\| A \|}}$$

$\text{cond}(A) = \| A^{-1} \| \cdot \| A \|$ 愈大，对扰动解影响愈大，其刻划了方程组的“病态”程度。病态程度是相对的，条件数与所用的范数有关，有时记为

$$\text{cond}(A)_p = \| A^{-1} \|_p \cdot \| A \|_p$$

考察上例

$$A = \begin{bmatrix} 1 & 1 \\ 1 & 1.0001 \end{bmatrix}, \quad A^{-1} = \begin{bmatrix} 10\,001 & -10\,000 \\ -10\,000 & 10\,000 \end{bmatrix}$$

$\text{cond}(A)_\infty = \| A^{-1} \|_\infty \cdot \| A \|_\infty = 20\,001 \times 2.0001 \approx 4 \times 10^4$，扰动比较大，因此它是病态的。

7.6.2 精度分析

求 $AX=b$ 的一个近似解 $\widetilde{X}$，希望判断其精度。方法是将 $\widetilde{X}$ 再代回到原方程组去求余量 $r=b-A\widetilde{X}$，如果 r 很小，就认为 $\widetilde{X}$ 精确。

若$\begin{cases}x_1+x_2=2\\x_1+1.0001x_2=2.0001\end{cases}$的近似解$\begin{cases}x_1=2\\x_2=0\end{cases}$，余量$r=\begin{bmatrix}0\\0.0001\end{bmatrix}$，尽管$r$很小，但与精确解$\begin{cases}x_1=2\\x_2=0\end{cases}$相差很大。说明用余量$r$来检验近似解对病态方程组是不可靠的。因此有必要研究相对误差。

定理 7.12 设$\widetilde{X}$为$AX=b$的近似解，$AX=b$的精确解为X^*，r为$\widetilde{X}$的余量，则有

$$\frac{1}{\mathrm{cond}(A)}\frac{\|r\|}{b}\leqslant\frac{\|X^*-\widetilde{X}\|}{\|X^*\|}\leqslant\mathrm{cond}(A)\frac{\|r\|}{b}$$

证明 由$AX=b$得到$\|b\|=\|AX\|\leqslant\|A\|\cdot\|X\|$，故有

$$\frac{1}{\|X\|}\leqslant\frac{\|A\|}{b}\tag{7.12}$$

由$r=b-A\widetilde{X}=A(X^*-\widetilde{X})$得到$X^*-\widetilde{X}=A^{-1}r$，故有

$$\|X^*-\widetilde{X}\|=\|A^{-1}r\|\leqslant\|A^{-1}\|\cdot\|r\|\tag{7.13}$$

由式(7.12)和式(7.13)得到

$$\frac{\|X^*-\widetilde{X}\|}{\|X^*\|}=\frac{\|A\|}{\|b\|}\cdot\|A^{-1}\|\cdot\|r\|\leqslant\mathrm{cond}(A)\frac{\|r\|}{\|b\|}$$

由$r=b-A\widetilde{X}=A(X^*-\widetilde{X})$得到

$$\|r\|=\|A(X^*-\widetilde{X})\|\leqslant\|A\|\cdot\|X^*-\widetilde{X}\|\tag{7.14}$$

由$AX^*=b$得到$X^*=A^{-1}b$，故有$\|X^*\|=\|A^{-1}b\|\leqslant\|A^{-1}\|\cdot\|b\|$，所以有

$$\frac{1}{\|b\|}\leqslant\frac{\|A^{-1}\|}{X^*}\tag{7.15}$$

由式(7.14)和式(7.15)得到

$$\frac{\|r\|}{\|b\|}\leqslant\frac{\|X^*-\widetilde{X}\|\cdot\|A\|\cdot\|A^{-1}\|}{\|X^*\|}$$

即

$$\frac{1}{\mathrm{cond}(A)}\frac{\|r\|}{\|b\|}\leqslant\frac{\|X^*-\widetilde{X}\|}{\|X^*\|}$$

所以

$$\frac{1}{\mathrm{cond}(A)}\frac{\|r\|}{\|b\|}\leqslant\frac{\|X^*-\widetilde{X}\|}{\|X^*\|}\leqslant\mathrm{cond}(A)\frac{\|r\|}{\|b\|}$$

7.7 实例——小行星轨道问题

需要确定一颗小行星绕太阳运行的轨道，天文学家在轨道平面内建立以太阳为原点的直角坐标系，在两个坐标上取天文测量单位(一天文单位为地球到太阳的平均距离：$1.495\,978\,7\times10^{11}$ m)，在5个不同的时间对小行星作了5次观察，测得轨道上5个点的坐标数据，确定小行星轨道，测量数据见下表。

坐标＼次数	1	2	3	4	5
x	5.764	6.286	6.759	7.168	7.408
y	0.648	1.202	1.823	2.526	3.360

由开普勒第一定理知，小行星轨道为一椭圆，椭圆的一般方程为

$$a_1x^2+2a_2xy+a_3y^2+2a_4x+2a_5y+1=0 \tag{7.16}$$

把5个坐标代入可得到线性方程组 $\boldsymbol{AX}=\boldsymbol{b}$

$$\boldsymbol{A}=\begin{bmatrix} x_1^2 & 2x_1y_1 & y_1^2 & 2x_1 & 2y_1 \\ x_2^2 & 2x_2y_2 & y_2^2 & 2x_2 & 2y_2 \\ x_3^2 & 2x_3y_3 & y_3^2 & 2x_3 & 2y_3 \\ x_4^2 & 2x_4y_4 & y_4^2 & 2x_4 & 2y_4 \\ x_5^2 & 2x_5y_5 & y_5^2 & 2x_5 & 2y_5 \end{bmatrix},\ \boldsymbol{b}=\begin{bmatrix} -1 \\ -1 \\ -1 \\ -1 \\ -1 \end{bmatrix},\ \boldsymbol{X}=\begin{bmatrix} a_1 \\ a_2 \\ a_3 \\ a_4 \\ a_5 \end{bmatrix}$$

解出系数为 $a_1=0.6143$，$a_2=-0.3440$，$a_3=-0.6942$，$a_4=-1.6351$，$a_5=-0.2165$。

习　题　七

一、填空题

(1) 解线性方程组 $\begin{cases} x_1+2x_2-2x_3=1 \\ x_1+x_2+x_3=3 \\ 2x_1+2x_2+5x_3=0 \end{cases}$，用雅可比法的迭代格式为：

$x_1^{(k+1)}=$________，$x_2^{(k+1)}=$________，$x_3^{(k+1)}=(k=0,1,2,\cdots)$；而高斯-塞德尔迭代法迭代格式为：$x_1^{(k+1)}=$________，$x_2^{(k+1)}=$________，$x_3^{(k+1)}=$________$(k=0,1,2,\cdots)$。

(2) 已知 $\boldsymbol{A}=\begin{bmatrix} -2 & 3 & 1 \\ 0 & -4 & -5 \\ 3 & -1 & 1 \end{bmatrix}$，则 $\|\boldsymbol{A}\|_1=$________，$\|A\|_\infty=$________。

(3) 已知 $\boldsymbol{X}=(3,-1,0,-9)^{\mathrm{T}}$，则 $\|\boldsymbol{X}\|_1=$________，$\|\boldsymbol{X}\|_2=$________，$\|\boldsymbol{X}\|_\infty=$________。

(4) 向量 $\boldsymbol{X}=(x_1,x_2,x_3)^{\mathrm{T}}$，$|x_1|+2|x_2|+|x_3|$ 是不是一种向量范数？（填是或不是）________。$|x_1+3x_2|+|x_3|$ 是不是一种向量范数？（填是或不是）________。

二、选择题

(1) 解线性方程组的主元素消去法中选择主元的目的是（　　）。

A. 控制舍入误差　　B. 减小方法误差　　C. 防止计算时溢出　　D. 简化计算

(2) 解线性方程组 $Ax=b$ 的迭代格式 $x^{(k+1)}=Bx^{(k)}+f$ 收敛的充要条件是（　　）。

A. $\|B\|<1$　　B. $\rho(A)<1$　　C. $\|\rho(B)\|<1$　　D. $\rho(B)<1$

(3) 若线性方程组 $Ax=b$ 的系数矩阵为严格对角占优阵，则 Jacobi 迭代和 Gause-Seidel 迭代(　　)。

A. 都收敛　　B. 都发散

C. Jacobi 迭代收敛而 Gause-Seidel 迭代发散

D. Gause-Seidel 迭代发散而 Gause-Seidel 迭代收敛

三、计算题

(1) 加工方程组 $\begin{cases}5x_1-2x_2+x_3=4\\x_1+5x_2-3x_3=2\\2x_1+x_2-5x_3=-11\end{cases}$，使相应的雅可比迭代与高斯－塞德尔迭代收敛。并写出迭代公式。

(2) 证明对于任意向量 $\boldsymbol{x}$，$\boldsymbol{y}$，$\|\boldsymbol{x}\|-\|\boldsymbol{y}\|\leqslant\|\boldsymbol{x}-\boldsymbol{y}\|$ 成立。

(3) 证明单位矩阵 $\boldsymbol{I}$ 的范数 $\|\boldsymbol{I}\|=\boldsymbol{1}$。

(4) 迭代公式 $x^{(k+1)}=\boldsymbol{G}x^{(k)}+d$，若迭代矩阵 $\boldsymbol{G}$ 满足 $\|\boldsymbol{G}\|<\boldsymbol{1}$，迭代公式收敛于方程组的唯一解 x^*，证明有下列估计式：

① $\|x^*-x^{(k+1)}\|\leqslant\dfrac{\|\boldsymbol{G}\|}{1-\|\boldsymbol{G}\|}\|x^{(k+1)}-x^{(k)}\|$

② $\|x^*-x^{(k)}\|\leqslant\dfrac{\|\boldsymbol{G}\|^k}{1-\|\boldsymbol{G}\|}\|x^{(1)}-x^{(0)}\|$

(5) 迭代格式 $\begin{bmatrix}x_1^{(k+1)}\\x_2^{(k+1)}\\x_3^{(k+1)}\end{bmatrix}=\begin{bmatrix}0.0&0.1&0.2\\0.8&0.0&0.2\\0.1&0.7&0.0\end{bmatrix}\begin{bmatrix}x_1^{(k)}\\x_2^{(k)}\\x_3^{(k)}\end{bmatrix}+\begin{bmatrix}3\\4\\5\end{bmatrix}$ 是否收敛？为什么？

(6) 用主元消去法解下列方程组：

$$\begin{cases}2x_1+3x_2+5x_3=5\\3x_1+4x_2+7x_3=6\\x_1+3x_2+3x_3=5\end{cases}$$

(7) 证明对于任意非奇异矩阵 $\boldsymbol{A}$，$\text{cond}(\boldsymbol{A})\geqslant1$。

(8) 计算下列三阶坡度阵的条件数(用无穷范数计算)：

$$\boldsymbol{A}=\begin{bmatrix}1&\frac{1}{2}&\frac{1}{3}\\\frac{1}{2}&\frac{1}{3}&\frac{1}{4}\\\frac{1}{3}&\frac{1}{4}&\frac{1}{5}\end{bmatrix},\quad\boldsymbol{B}=\begin{bmatrix}\frac{1}{2}&\frac{1}{3}&\frac{1}{4}\\\frac{1}{3}&\frac{1}{4}&\frac{1}{5}\\\frac{1}{4}&\frac{1}{5}&\frac{1}{6}\end{bmatrix}$$

(9) 设方程组 $Ax=b$ 的系数矩阵有扰动 $\delta A=\alpha A$，$\alpha\neq-1$，试证解的相对误差 $\dfrac{\|\delta x\|}{\|x\|}=\dfrac{|\alpha|}{|1+\alpha|}$。

(10) 已知方程组 $Ax=b$，其中 $A=\begin{bmatrix}2&-1\\-1&2\end{bmatrix}$，$b=\begin{bmatrix}1\\2\end{bmatrix}$，

① 试讨论用雅可比迭代法与高斯-塞德尔迭代法求解此方程组的收敛性；

② 若用迭代法 $x^{(k+1)}=x^{(k)}+\alpha(Ax^{(k)}-b)$ 求解，试确定可使迭代收敛的 α 的取值范围。

(11) 图 7-5 给出了某城市单行街道的交通流量(每小时过车数)。假设：

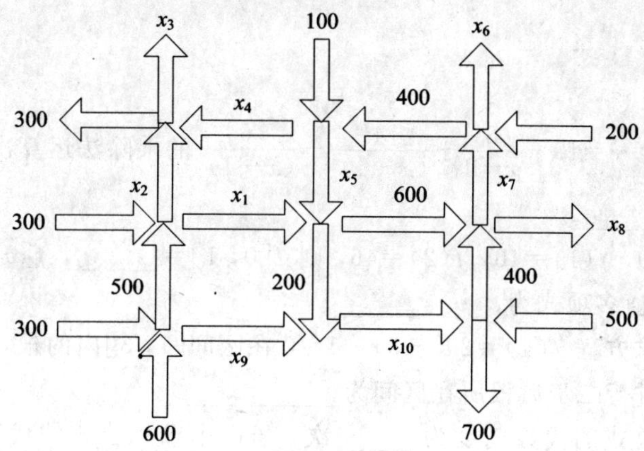

图 7-5　交通流量图

① 全部流入网络的流量等于全部流出的流量；

② 全部流入一个节点的流量等于全部流出此节点的流量。

试建立数学模型确定该交通网络未知部分的具体量。

自测题一

一、填空题

(1) 为了使计算 $y=10+\frac{3}{x-1}+\frac{4}{(x-1)^2}-\frac{6}{(x-1)^3}$ 的乘除法运算次数尽量少，应将该表达式改写为__________。

(2) 设 $f(0)=0$，$f(1)=16$，$f(2)=46$，则 $f[0, 1]=$______，$f[0, 1, 2]=$________，$f(x)$的二次牛顿插值多项式为____________。

(3) 用二分法求方程 $f(x)=2x^3-5x-1=0$ 在区间$[1, 3]$内的根，进行一步后根所在区间为________，进行二步后根所在区间为____________。

(4) 梯形求积公式的代数精度为______次，辛甫生求积公式的代数精度为______次。用三点高斯求积公式计算积分 $\int_{-1}^{1} f(x)\mathrm{d}x$，代数精度为______次，复化梯形公式的代数精度为______次。

(5) 求解线性代数方程组

$$\begin{cases}5x_1-3x_2-0.1x_3=1\\-2x_1+6x_2+0.7x_3=0\\x_1+2x_2+3.5x_3=1\end{cases}$$

的高斯-赛德尔迭代格式为____________。取迭代值 $x_1^{(0)}=1$，$x_2^{(0)}=-1$，$x_3^{(0)}=1$，则 $x_1^{(1)}=$______，$x_2^{(1)}=$______，$x_3^{(1)}=$______。

二、选择题

(1) 求方程 $x^3+4x^2-10=0$ 在区间$[1, 2]$内的根，要求误差限不超过 10^{-5}，那么二分次数 $k+1\geqslant$(　　)。

A. 15　　B. 16　　C. 17　　D. 18

(2) 已知数值点(0, 0)，(1, −2)，(4, −8)，过这三个点的三次样条插值函数是 $S(x)=$(　　)。

A. $\begin{cases}\frac{9}{4}x^3-\frac{27}{4}x^2+\frac{5}{2}x+1 & x\in[0, 1]\\\frac{1}{4}x^3-\frac{3}{4}x^2-\frac{7}{2}x+2 & x\in[1, 4]\end{cases}$

B. $\begin{cases}\frac{9}{4}x^3-\frac{27}{4}x^2+\frac{5}{2}x & x\in[0, 1]\\\frac{1}{4}x^3-\frac{3}{4}x^2-\frac{7}{2}x+2 & x\in[1, 4]\end{cases}$

C. $\begin{cases}\frac{9}{4}x^3-\frac{27}{4}x^2+\frac{5}{2}x & x\in[0, 1]\\\frac{1}{4}x^3-\frac{3}{4}x^2-2 & x\in[1, 4]\end{cases}$

D. $\begin{cases}\frac{9}{4}x^3+\frac{27}{4}x^2+\frac{5}{2}x & x\in[0, 1]\\\frac{1}{4}x^3-\frac{3}{4}x^2-\frac{7}{2}x+2 & x\in[1, 4]\end{cases}$

(3) 设高斯型求积公式 $\int_a^b f(x)\mathrm{d}x\approx\sum_{k=0}^{n}A_kf(x_k)$，若已知有 4 个节点，则此时求积公式是(　　)次代数精度。

A. 5　　B. 6　　C. 7　　D. 9

(4) 解非线性方程 $f(x)=0$ 的牛顿迭代具有(　　)。

A. 线性收敛　　B. 局部线性收敛　　C. 平方收敛　　D. 局部平方收敛

(5) 若线性方程组 $Ax=b$ 的系数矩阵为严格对角占优阵，则 Jacobi 迭代和 Gause-Seidel 迭代(　　)。

A. 都收敛　　B. 都发散

C. Jacobi 迭代收敛而 Gause-Seidel 迭代发散

D. Gause-Seidel 迭代发散而 Gause-Seidel 迭代收敛

三、计算题

(1) 令 $x_0=0$，$x_1=1$，写出 $y(x)=e^{-x}$ 的一次插值多项式，并估计插值误差。

(2) 求超定方程组 $\begin{cases}2x_1+4x_2=11\\3x_1-5x_2=3\\x_1+2x_2=6\\2x_1+x_2=7\end{cases}$ 的最小二乘解。

(3) 应用三点高斯积分公式求 $\int_1^{1.5} e^{-x^2}\,dx$ 定积分的近似值。

(4) 用欧拉方法求 $y(x)=\int_0^x e^{-t^2}\,dt$ 在 $x=0.5, 1.0, 1.5, 2.0$ 处的近似值。

(5) 利用追赶法求解线性方程组

$$\begin{bmatrix}2 & -1 & & \\ -1 & 3 & -2 & \\ & -2 & 4 & -3\\ & & -3 & 5\end{bmatrix}\begin{bmatrix}x_1\\x_2\\x_3\\x_4\end{bmatrix}=\begin{bmatrix}6\\1\\-2\\1\end{bmatrix}$$

(6) 分别判断用雅克比迭代法和高斯-赛德尔迭代法解方程组

$$\begin{cases}x_1+2x_2-2x_3=1\\x_1+x_2+x_3=1\\2x_1+2x_2+x_3=1\end{cases}$$

的收敛性。

自测题二

一、填空题

(1) 为了减少运算次数，应将表达式$\dfrac{16x^5+17x^4+18x^3-14x^2-13x-1}{x^4+16x^2+8x-1}$改写为________。为了减少舍入误差的影响，应将表达式$\sqrt{2008}-\sqrt{2007}$改写为________________。

(2) 设$A=\begin{bmatrix}3 & 2\\ -2 & 1\end{bmatrix}$，$x=\begin{bmatrix}2\\ -3\end{bmatrix}$，则$\|\boldsymbol{A}\|_\infty=$____________，$\|\boldsymbol{x}\|_\infty=$____________，$\|\boldsymbol{Ax}\|_\infty\leqslant$____________。

(3) 已知 e=2.718 28…，则分别用 2.71 和 2.7179 作为数 e 的近似值，则其有效位数分别有______位和______位。

(4) 求解方程$x^3+x-1=0$，用弦截法的迭代公式为$x_{k+1}=$________________，用快速弦截法的迭代公式为$x_{k+1}=$________________。

(5) $s(x)=\begin{cases}x^3 & 0\leqslant x\leqslant 1\\ \dfrac{1}{2}(x-1)^3+a(x-1)^2+b(x-1)+1 & 1\leqslant x\leqslant 3\end{cases}$，若$s(x)$是[0, 3]上以 0，1，3 为节点的三次样条函数，则$a=$__________，$b=$__________。

二、选择题

(1) 方程$x^3+4x^2-4=0$在区间[−4, −3]内有一根，在下面哪个区间还有两根(　　)。

A. [−3, −2]和[0, 1]　　B. [−2, −1]和[1, 2]

C. [−3, −2]和[−2, −1]　　D. [−2, −1]和[0, 1]

(2) 设$f(x)=\dfrac{1}{a-x}$，x_0，x_1，x_2 是异于 a 的三个互异节点，则$f[x_0, x_1, x_2]=$(　　)。

A. $\dfrac{1}{a-x_0}$　　B. $\dfrac{1}{(a-x_0)(a-x_1)(a-x_2)}$

C. $\dfrac{1}{(x_2-x_0)(x_2-x_1)(x_1-x_0)}$　　D. $\dfrac{1}{(x_0-a)(x_1-a)(x_2-a)}$

(3) 已知函数值$f(0)=1$，$f(1)=0.5$，$f(2)=0.2$，则$f(x)$的分段线性插值函数$P(x)=$(　　)。

A. $\begin{cases}1-0.5x^2 & x\in[0, 1]\\ 0.8-0.3x & x\in[1, 2]\end{cases}$　　B. $\begin{cases}1-0.5x & x\in[0, 1]\\ 0.5-0.3x & x\in[1, 2]\end{cases}$

C. $\begin{cases}1-x & x\in[0, 1]\\ 0.8-0.3x & x\in[1, 2]\end{cases}$　　D. $\begin{cases}1-0.5x & x\in[0, 1]\\ 0.8-0.3x & x\in[1, 2]\end{cases}$

(4) 求解初值问题$\begin{cases} y'=f(x, y) \\ y(x_0)=y_0 \end{cases}$，四阶龙格-库塔法的局部截断误差是(　　)。

A. $O(h^2)$　　B. $O(h^3)$　　C. $O(h^4)$　　D. $O(h^5)$

(5) 解线性方程组 $Ax=b$ 的迭代格式 $x^{(k+1)}=Bx^{(k)}+f$ 收敛的充要条件是(　　)。

A. $\|B\|<1$　　B. $\rho(A)<1$　　C. $\|\rho(B)\|<1$　　D. $\rho(B)<1$

三、计算题

(1) 已知函数 $f(x)$的 4 组数据如下：

x_i	0	1	2	3
y_i	1	3	9	27

求三次插值多项式。

(2) 在区间[−1, 1]上有二结点，且 $x_0<x_1$，试确定以下求积公式中的 c 值与 x_0、x_1 的值，使求积公式有尽可能高的代数精度。

$$\int_0^1 f(x)\mathrm{d}x \approx c[f(x_0)+f(x_1)]$$

(3) 设有微分方程初值问题

$$\begin{cases} y'+y=0 \\ y(0)=1 \end{cases} \quad x \geqslant 0$$

试证：① 用改进欧拉法求近似解为(h 为步长)

$$y_n = \left(1-h+\frac{h^2}{2}\right)^n, \quad n=0, 1, 2, \cdots$$

② 对任意给定的点 $x=x_n=nh$，当 $h\to 0$ 时，y_n 趋近于微分方程的精确解。

(4) 下面是计算 $x^*=\sqrt{a}$ 的一种迭代格式，计算该迭代格式的收敛阶次。

$$x_{k+1}=\frac{x_k(x_k^2+3a)}{3x_k^2+a}, \quad k=0, 1, 2, \cdots$$

(5) 试对下列线性方程组进行等价变换，确保其雅克比迭代法和高斯-赛德尔迭代法收敛。

$$\begin{cases} -x_1+8x_2+0x_3=7 \\ -x_1-0x_2+9x_3=8 \\ 9x_1-x_2-x_3=7 \end{cases}$$

(6) 给定线性方程组

$$\begin{bmatrix} 2 & 1 \\ 1 & 1 \end{bmatrix}\begin{bmatrix} x_1 \\ x_2 \end{bmatrix}=\begin{bmatrix} 6 \\ 9 \end{bmatrix}$$

对第一个方程两端乘以 $\lambda(\lambda\neq 0)$后得到方程组

$$\begin{bmatrix} 2\lambda & \lambda \\ 1 & 1 \end{bmatrix}\begin{bmatrix} x_1 \\ x_2 \end{bmatrix}=\begin{bmatrix} 6\lambda \\ 9 \end{bmatrix}$$

记新的方程组的系数矩阵为 $A(\lambda)$。

① 求 $\mathrm{cond}_\infty(A(\lambda))$；　② 求 λ 使 $\mathrm{cond}_\infty(A(\lambda))$取得最小值。

参考答案

习题一

一、填空题

(1) 模型，观测，截断，舍入；(2) $\frac{2}{\sqrt{2006}+\sqrt{2004}}$；(3) 3；(4) 6，7

二、选择题

(1) A；(2) C；(3) D；(4) D；(5) D；(6) C

三、计算题

1. 分 6 次，$x^* \approx 2.101\ 562\ 5$

2. 由方程求根公式得到：$x_{1,2}=37\pm\sqrt{1367}$

由于 37 与 $\sqrt{1367}$ 相差很小，在求 $x_2=37-\sqrt{1367}$ 时，可能造成大的误差，为此计算如下：

$$x_1=37+\sqrt{1367}\approx 73.973$$

$$x_2=\frac{2}{x_1}\approx 0.027\ 037$$

3. $\int_N^{N+1}\frac{1}{1+x^2}\mathrm{d}x=\arctan(N+1)-\arctan N$，设 $\alpha=\arctan(N+1)$，$\beta=\arctan N$，则 $\tan\alpha=N+1$，$\tan\beta=N$，

$$\begin{aligned}\int_N^{N+1}\frac{1}{1+x^2}\mathrm{d}x &= \alpha-\beta=\arctan(\tan(\alpha-\beta))\\ &=\arctan\frac{\tan\alpha-\tan\beta}{1+\tan\alpha\cdot\tan\beta}=\arctan\frac{N+1-N}{1+(N+1)N}\\ &=\arctan\frac{1}{N^2+N+1}\end{aligned}$$

习题二

一、填空

(1) 81；(2) 5，0；(3) 3，3

二、选择题

(1) D；(2) A；(3) B；(4) C；(5) B；(6) D；(7) B

三、计算题

(1) $p_3(x)=2x^3+x^2-2x$

(2) $S(x)=\begin{cases}3x^3+2x^2+x+1 & -1\leqslant x<0\\ -x^3+2x^2+x+1 & 0\leqslant x<1\\ \dfrac{1}{4}(x^3-7x^2+19x-1) & 1\leqslant x\leqslant 3\end{cases}$

(3) $N_4(x)=x^2+2x+3$

(4) 线性插值−0.620 219

二次插值取0.5、0.6和0.7三个点，插值结果为−0.616 838 2

二次插值取0.4、0.5和0.6三个点，插值结果为−0.615 319 8

(5) $y=0.5+0.26x$

(6) $y=-60.9392+1.5138x$

四、证明题

证明：(1) 令 $f(x)=x^k$，若插值节点为 x_j，$j=0,1,\cdots,n$，则函数 $f(x)$ 的 n 次插值多项式为 $L_n(x)=\sum_{j=0}^{n}x_j^k l_j(x)$，插值余项为 $R_n(x)=f(x)-L_n(x)=\frac{f^{(n+1)}(\xi)}{(n+1)!}\omega_{n+1}(x)$，又因为 $k\leqslant n$，所以 $f^{(n+1)}(\xi)=0$，$R_n(x)=0$，所以 $\sum_{j=0}^{n}x_j^k l_j(x)=x^k(k=0,1,\cdots,n)$；

(2) $\sum_{j=0}^{n}(x_j-x)^k l_j(x)=\sum_{j=0}^{n}\left(\sum_{i=0}^{n}C_k^i x_j^i(-x)^{k-i}\right)l_j(x)=\sum_{i=0}^{n}C_k^i(-x)^{k-i}\left(\sum_{j=0}^{n}x_j^i l_j(x)\right)$

又因为 $0\leqslant i\leqslant n$，由上题结论可知 $\sum_{j=0}^{n}x_j^k l_j(x)=x^i$，所以

$$\text{原式}=\sum_{i=0}^{n}C_k^i(-x)^{k-i}x^i=(x-x)^k=0$$

习题三

一、填空题

(1) 1 3 5 2

(2) $S_n=\frac{16}{15}T_{2n}-\frac{1}{15}T_n$

(3) 1

(4) 2.5 1.5 0.5 2 1 −5

二、选择题

(1) B；(2) A；(3) C

三、计算题

(1) $\begin{cases}A_0=\dfrac{3}{4}\\ A_1=0\\ A_2=\dfrac{9}{4}\end{cases}$ 二次代数精度

(2) 0.773　　0.77

(3) 37.819

(4) 龙贝格算法加工流程如下表：

k	T_{2^k}	$S_{2^{k-1}}$	$C_{2^{k-2}}$	$R_{2^{k-3}}$
0	0.771 743 3			
1	0.728 069 9	0.713 512 1		
2	0.716 982 8	0.713 287 0	0.713 272 0	
3	0.714 200 2	0.713 272 6	0.713 271 7	0.713 271 7

因此 $I=0.713\ 727$。

(5) $\int_{-1}^{1}f(x)(1+x^2)\mathrm{d}x\approx\frac{4}{3}f\left(-\sqrt{\frac{2}{5}}\right)+\frac{4}{3}f\left(\sqrt{\frac{2}{5}}\right)$

(6) $I=\int_{1}^{3}\mathrm{e}^x\sin x\mathrm{d}x$，$x\in[1,3]$，令 $t=x-2$，则 $t\in[-1,1]$，用 $n=2$ 的高斯公式计算积分，

$$I\approx 0.555\ 555\ 6\times[f(-0.774\ 596\ 7)+f(0.774\ 596\ 7)]+0.888\ 888\ 9\times f(0)\approx 10.9484$$

用 $n=3$ 的高斯公式计算积分，

$$\begin{aligned}I&\approx 0.347\ 854\ 8\times[f(-0.861\ 136\ 3)+f(0.861\ 136\ 3)]+0.652\ 145\ 2\\&\quad\times[f(-0.339\ 981\ 0)+f(0.339\ 981\ 0)]\\&\approx 10.95014\end{aligned}$$

(7) $v(80)=v(0)+\int_{0}^{80}a(t)\mathrm{d}t=\int_{0}^{80}a(t)\mathrm{d}t$

采用 $n=4$ 的复化求积得到 3087.033 33。

(8) $f'(x_0)\approx\frac{1}{2h}[-3f(x_0)+4f(x_1)-f(x_2)]=0.247$

$f'(x_1)\approx\frac{1}{2h}[-f(x_0)+f(x_2)]=-0.217$

$f'(x_2)=\frac{1}{2h}[f(x_0)-4f(x_1)+3f(x_2)]=-0.187$

习题四

一、填空题

(1) $y_{k+1}=y_k\left[1.1+\frac{0.1}{(1+0.1k)^2}\right]$，$k=0, 1, 2, \cdots$

(2) $hf(x_k, y_k)$　　$f(x_k, y_k)+f(x_{k+1}, \bar{y}_{k+1})$

(3) 二阶

(4) $\frac{8h^3}{3}y'''(x_n)$　　2

提示：局部截断误差为

$$\begin{aligned}
T_{n+1} &= y(x_{n+1}) - y(x_{n-3}) - 4hf(x_{n-1}, y_{n-1}) \\
&= y(x_n + h) - y(x_n - 3h) - 4hy'(x_n - h) \\
&= y(x_n) + hy'(x_n) + \frac{h^2}{2}y''(x_n) + \frac{h^3}{6}y'''(x_n) + O(h^4) \\
&\quad - y(x_n) + 3hy'(x_n) - \frac{9h^2}{2}y''(x_n) + \frac{27h^3}{6}y'''(x_n) + O(h^4) \\
&\quad - 4h\left[y'(x_n) - hy''(x_n) + \frac{h^2}{2}y'''(x_n) + O(h^3)\right] \\
&= \frac{8h^3}{3}y'''(x_n) + O(h^4)
\end{aligned}$$

二、选择题

(1) D；(2) A；(3) B；(4) D

三、计算题

(1) 尤拉方法：$y(0.2)\approx 1$，$y(0.4)\approx 1.04$

改进尤拉方法：$y(0.2)\approx 1.02$，$y(0.4)\approx 1.0828$

四阶龙格-库塔方法：$y(0.2)\approx 1.0202$，$y(0.4)\approx 1.0833$

(2) 略

(3) 证明：

① 由欧拉公式：$y_{n+1}=y_n+h(ax_n+b)$得到

$$\begin{aligned}
y_1 &= y_0 + h(ax_0 + b) \\
y_2 &= y_1 + h(ax_1 + b) \\
y_3 &= y_2 + h(ax_2 + b) \\
&\vdots \\
y_n &= y_{n-1} + h(ax_{n-1} + b)
\end{aligned}$$

将上式相加后得到：

$$\begin{aligned}
y_n &= y_0 + h(ax_0 + ax_1 + \cdots + ax_{n-1} + nb) \\
&= ah[h + 2h + \cdots + (n-1)h] + nbh \\
&= \frac{n(n-1)}{2}ah^2 + nbh
\end{aligned}$$

准确解：$y(x_n)=\frac{1}{2}ax_n^2+bx_n=\frac{n^2}{2}ah^2+nbh$

所以：$y(x_n)-y_n=\frac{n}{2}ah^2=\frac{1}{2}ahx_n$

② 由改进欧拉方法可知：

$$\begin{aligned}
y_{n+1} &= y_n + \frac{h}{2}(ax_n + b + ax_{n+1} + b) \\
&= y_n + \frac{h}{2}[anh + a(n+1)h] + bh \\
&= y_n + anh^2 + \frac{1}{2}ah^2 + bh
\end{aligned}$$

$$y_1 = y_0 + \frac{1}{2}ah^2 + bh$$

$$y_2 = y_1 + ah^2 + \frac{1}{2}ah^2 + bh$$

$$y_3 = y_2 + 2ah^2 + \frac{1}{2}ah^2 + bh$$

$$\vdots$$

$$y_n = y_{n-1} + (n-1)ah^2 + \frac{1}{2}ah^2 + bh$$

将上式相加后得到：

$$\begin{aligned} y_n &= y_0 + [1 + 2 + \cdots + (n-1)]ah^2 + \frac{n}{2}ah^2 + nbh \\ &= \frac{n(n-1)}{2}ah^2 + \frac{n}{2}ah^2 + nbh \\ &= \frac{n^2}{2}ah^2 + nbh \end{aligned}$$

而准确解： $y(x_n)=\frac{1}{2}ax_n^2+bx_n=\frac{n^2}{2}ah^2+nbh$

所以 $$y(x_n) = y_n$$

(4) 局部截断误差为：

$$\begin{aligned} T_{n+1} &= y(x_{n+1}) - \alpha_0 y(x_n) - \alpha_1 y(x_{n-1}) - h\beta_1 y'(x_{n-1}) \\ &= y(x_n + h) - \alpha_0 y(x_n) - \alpha_1 y(x_n - h) - h\beta_1 y'(x_n - h) \\ &= y(x_n) + hy'(x_n) + \frac{h^2}{2}y''(x_n) + \frac{h^3}{6}y'''(x_n) + O(h^4) - \alpha_0 y(x_n) \\ &\quad - \alpha_1 y(x_n) + \alpha_1 hy'(x_n) - \frac{\alpha_1 h^2}{2}y''(x_n) + \frac{\alpha_1 h^3}{6}y'''(x_n) + O(h^4) \\ &\quad - h\beta_1(y'(x_n) - hy''(x_n) + \frac{h^2}{2}y'''(x_n) + O(h^3)) \\ &= (1 - \alpha_0 - \alpha_1)y(x_n) + (1 + \alpha_1 - \beta_1)hy'(x_n) + \left(\frac{1}{2} - \frac{\alpha_1}{2} + \beta_1\right)h^2 y''(x_n) \\ &\quad + \left(\frac{1}{6} + \frac{\alpha_1}{6} - \frac{\beta_1}{2}\right)h^3 y'''(x_n) + O(h^4) \end{aligned}$$

令

$$\begin{cases} 1 - \alpha_0 - \alpha_1 = 0 \\ 1 + \alpha_1 - \beta_1 = 0 \\ \frac{1}{2} - \frac{\alpha_1}{2} + \beta_1 = 0 \end{cases}$$

解得

$$\alpha_0 = 4, \alpha_1 = -3, \beta_1 = -2$$

此时局部截断误差为 $T_{n+1}=\frac{2}{3}h^3 y'''(x_n)+O(h^4)$

(5) 局部截断误差为：

$$\begin{aligned}T_{n+1}&=y(x_{n+1})-\alpha[y(x_n)+y(x_{n-1})]-h[\beta_0 y'(x_n)+\beta_1 y'(x_{n-1})]\\&=y(x_n+h)-\alpha y(x_n)-\alpha y(x_n-h)-h\beta_0 y'(x_n)-h\beta_1 y'(x_n-h)\\&=y(x_n)+hy'(x_n)+\frac{h^2}{2}y''(x_n)+\frac{h^3}{6}y'''(x_n)+O(h^4)-\alpha y(x_n)\\&\quad-\alpha y(x_n)+\alpha hy'(x_n)-\frac{\alpha h^2}{2}y''(x_n)+\frac{\alpha h^3}{6}y'''(x_n)+O(h^4)\\&\quad-h\beta_0 y'(x_n)-h\beta_1 y'(x_n)+\beta_1 h^2 y''(x_n)-\frac{\beta_1 h^3}{2}y'''(x_n)+O(h^4)\\&=(1-2\alpha)y(x_n)+(1+\alpha-\beta_0-\beta_1)hy'(x_n)+\left(\frac{1}{2}-\frac{\alpha}{2}+\beta_1\right)h^2 y''(x_n)\\&\quad+\left(\frac{1}{6}+\frac{\alpha}{6}-\frac{\beta_1}{2}\right)h^3 y'''(x_n)+O(h^4)\end{aligned}$$

令$\begin{cases}1-2\alpha=0\\1+\alpha-\beta_0-\beta_1=0\\\frac{1}{2}-\frac{\alpha}{2}+\beta_1=0\end{cases}$，解得$\begin{cases}\alpha=\frac{1}{2}\\\beta_0=\frac{7}{4}\\\beta_1=-\frac{1}{4}\end{cases}$

此时局部截断误差为 $T_{n+1}=\frac{3}{8}h^3 y'''(x_n)+O(h^4)$

故所构造的方法为：$y_{n+1}=\frac{1}{2}(y_n+y_{n-1})+\frac{h}{4}(7f_n-f_{n-1})$，它是二阶的，局部截断误差主项为$\frac{3}{8}h^3 y'''(x_n)$。

(6) $K_1=\lambda y_n$

$$K_2=\lambda\left(y_n+\frac{h}{2}K_1\right)=\left(\lambda+\frac{\lambda^2}{2}h\right)y_n$$

$$y_{n+1}=\left(1+\lambda h+\frac{\lambda^2}{2}h^2\right)y_n$$

稳定性条件为：$\left|1+\lambda h+\frac{\lambda^2}{2}h^2\right|\leqslant 1$，所以稳定条件为：$0<h\leqslant-\frac{2}{\lambda}$

习题五

一、填空题

(1) 前者基函数为全区间的函数，后者基函数为每个单元区间上的分段函数；(2) 将方程的解表示成基函数的线性组合，求线性组合的系数，使该函数代入方程中余项达到最小。

二、选择题

(1) C； (2) A

三、计算证明题

(2) 先考虑齐次边界的情形，再考虑非齐次边界的情形。

(3) 经过约束处理得总刚度矩阵和总载荷向量

$$\boldsymbol{K}=\begin{bmatrix}1 & 0 & 0 & 0 & 0\\ 0 & \frac{16}{3} & -\frac{32}{15} & 0 & 0\\ 0 & -\frac{32}{15} & \frac{128}{35} & -\frac{32}{21} & 0\\ 0 & 0 & -\frac{32}{21} & \frac{56}{21} & -\frac{8}{7}\\ 0 & 0 & 0 & 0 & 1\end{bmatrix}$$

$$\boldsymbol{F}=\begin{bmatrix}0 & \frac{1}{4} & \frac{1}{4} & \frac{1}{4} & -2\end{bmatrix}^{\mathrm{T}}$$

解得

$$u_0=0,\ u_1=-0.1214,\ u_2=0.4207,\ u_3=-1.0038,\ u_4=-2$$

习题六

一、填空题

(1) <1

(2) 2 $\quad x_{k+1}=x_k-\dfrac{x_k-f(x_k)}{1-f'(x_k)}$ 或 $x_{k+1}=\dfrac{-x_kf'(x_k)+f(x_k)}{1-f'(x_k)}$；

(3) $x_k-\dfrac{x_k^3+x_k-1}{x_k^3+x_k-x_0^3-x_0}(x_k-x_0)$，$x_k-\dfrac{x_k^3+x_k-1}{x_k^3+x_k-x_{k-1}^3-x_{k-1}}(x_k-x_{k-1})$

二、选择题

(1) A; (2) B; (3) A; (4) D

三、计算题

(1) $x^*\approx 0.375\ 81$

(2) 迭代公式为

$$x_n=x_{n-1}-\frac{f(x_{n-1})}{f'(x_{n-1})}=x_{n-1}-\frac{x_{n-1}^3-3x_{n-1}-1}{3x_{n-1}^2-3}\left(\text{或}\frac{2x_{n-1}^3+1}{3(x_{n-1}^2-1)}\right),\ n=1,2,\cdots$$

$$x_0=2,\ x_1=\frac{2\times 3^3+1}{3\times(2^2-1)}=1.888\ 89,\ x_2=\frac{2\times 1.888\ 89^3+1}{3\times(1.888\ 89^2-1)}=1.879\ 45$$

$$|x_2-x_1|=0.009\ 44$$

$$x_3=\frac{2\times 1.879\ 45^3+1}{3\times(1.879\ 45^2-1)}=1.879\ 39,\ |x_3-x_2|=0.000\ 06$$

$$x_4=\frac{2\times 1.879\ 39^3+1}{3\times(1.879\ 39^2-1)}=1.879\ 39,\ |x_4-x_3|=0.000\ 01$$

方程的根 $x^*\approx 1.879\ 39$

(3) 快速弦截法 $x_5=1.368\ 808\ 108$

(4) 设 $f(x)=x^3-a$，$f'(x)=3x^2$，$f''(x)=6x$，牛顿迭代公式为

$$x_{k+1}=x_x-\frac{x_x^3-a}{3x_x^2}=\frac{2x_x^3+a}{3x_x^2},\ k=0,1,2,\cdots$$

(5) 要求 $x_{k+1}=\varphi(x_k)$三阶收敛到 $f(x)=0$ 的根 x^*，应有 $\varphi(x^*)=x^*$，$\varphi'(x^*)=0$，$\varphi''(x^*)=0$。

$$x^*-p(x^*)f(x^*)-q(x^*)f^2(x^*)=x^*,\ \varphi'(x^*)=1-p(x^*)f'(x^*)=0$$

$$\varphi''(x^*)=-2p'(x^*)f'(x^*)-p(x^*)f''(x^*)-2q(x^*)[f'(x^*)]^2=0$$

得

$$p(x^*)=\frac{1}{f'(x^*)},\ q(x^*)=\frac{f''(x^*)}{2[f'(x^*)]^3}$$

故取

$$p(x)=\frac{1}{f'(x)},\ q(x)=\frac{f''(x)}{2[f'(x)]^3}$$

即迭代至少三阶收敛。

(6) $p=q=\frac{5}{9}$，$r=-\frac{1}{9}$，且 $\varphi'''(\sqrt[3]{a})\neq0$，此时迭代法三阶收敛。

(7) 14.7942

习题七

一、填空题

(1) $x_1^{(k+1)}=1-2x_2^{(k)}+2x_3^{(k)}$，$x_2^{(k+1)}=3-x_1^{(k)}-x_3^{(k)}$，$x_3^{(k+1)}=-0.4x_1^{(k)}-0.4x_2^{(k)}$，$x_1^{(k+1)}=1-2x_2^{(k)}+2x_3^{(k)}$，$x_2^{(k+1)}=3-x_1^{(k+1)}-x_3^{(k)}$，$x_3^{(k+1)}=-0.4x_1^{(k+1)}-0.4x_2^{(k+1)}$；

(2) 8，9

(3) 9，$\sqrt{91}$，13

(4) 是，不是

二、选择题

(1) A；(2) D；(3) A

三、计算题

(1) 将方程组加工成$\begin{cases}5x_1-2x_2+x_3=4\\x_1+5x_2-3x_3=2\\2x_1+x_2-5x_3=-11\end{cases}$，其系数矩阵为对角占优阵，相应的雅可比迭代与高斯-塞德尔迭代收敛。

对应的雅可比迭代格式为$\begin{cases}x_1^{(k+1)}=\frac{4}{5}+\frac{2}{5}x_2^{(k)}-\frac{1}{5}x_3^{(k)}\\x_2^{(k+1)}=\frac{2}{5}-\frac{1}{5}x_1^{(k)}+\frac{3}{5}x_3^{(k)}\\x_3^{(k+1)}=\frac{11}{5}+\frac{2}{5}x_1^{(k)}+\frac{1}{5}x_2^{(k)}\end{cases}$

对应的高斯-塞德尔迭代格式为
$$\begin{cases}x_1^{(k+1)}=\dfrac{4}{5}+\dfrac{2}{5}x_2^{(k)}-\dfrac{1}{5}x_3^{(k)}\\ x_2^{(k+1)}=\dfrac{2}{5}-\dfrac{1}{5}x_1^{(k+1)}+\dfrac{3}{5}x_3^{(k)}\\ x_3^{(k+1)}=\dfrac{11}{5}+\dfrac{2}{5}x_1^{(k+1)}+\dfrac{1}{5}x_2^{(k+1)}\end{cases}$$

(2) 证明：因为
$$\|x\|=\|(x-y)+y\|\leqslant\|x-y\|+\|y\|$$
所以
$$\|x\|-\|y\|\leqslant\|x-y\|$$
又因为
$$\|y\|=\|(y-x)+x\|\leqslant\|y-x\|+\|x\|=\|x-y\|+\|x\|$$
所以
$$-\|x-y\|\leqslant\|x\|-\|y\|$$
所以
$$\big|\,\|x\|-\|y\|\,\big|\leqslant\|x-y\|$$

(3) 证明：据定义 $\|I\|=\max\limits_{x\neq0}\dfrac{\|Ix\|}{\|x\|}=\max\limits_{x\neq0}\dfrac{\|x\|}{\|x\|}=1$。

(4) ①
$$\begin{aligned}\|x^*-x^{(k+1)}\|&=\|x^*-x^{(k+2)}+x^{(k+2)}-x^{(k+1)}\|\\&\leqslant\|x^*-x^{(k+2)}\|+\|x^{(k+2)}-x^{(k+1)}\|\\&=\|(Gx^*+d)-(Gx^{(k+1)}+d)\|\\&\quad+\|(Gx^{(k+1)}+d)-(Gx^{(k)}+d)\|\\&=\|G(x^*-x^{(k+1)})\|+\|G(x^{(k+1)}-x^{(k)})\|\\&\leqslant\|G\|\,\|x^*-x^{(k+1)}\|+\|G\|\,\|x^{(k+1)}-x^{(k)}\|\end{aligned}$$
所以
$$(1-\|G\|)\|x^*-x^{(k+1)}\|\leqslant\|G\|\,\|x^{(k+1)}-x^{(k)}\|$$
所以
$$\|x^*-x^{(k+1)}\|\leqslant\frac{\|G\|}{1-\|G\|}\|x^{(k+1)}-x^{(k)}\|$$

② 由 a 可得
$$\begin{aligned}\|x^*-x^{(k)}\|&\leqslant\frac{\|G\|}{1-\|G\|}\|x^{(k)}-x^{(k-1)}\|\\&=\frac{\|G\|}{1-\|G\|}\|(Gx^{(k)}+d)-(Gx^{(k-1)}+d)\|\\&=\frac{\|G\|}{1-\|G\|}\|G(x^{(k)}-x^{(k-1)})\|\\&\leqslant\frac{\|G\|^2}{1-\|G\|}\|x^{(k)}-x^{(k-1)}\|\leqslant\cdots\leqslant\frac{\|G\|^k}{1-\|G\|}\|x^{(1)}-x^{(0)}\|\end{aligned}$$
所以
$$\|x^*-x^{(k)}\|\leqslant\frac{\|G\|^k}{1-\|G\|}\|x^{(1)}-x^{(0)}\|$$

(5) 迭代矩阵$\begin{bmatrix}0.0 & 0.1 & 0.2\\0.8 & 0.0 & 0.2\\0.1 & 0.7 & 0.0\end{bmatrix}$，因为$\|G\|_1=0.9<1$，所以迭代格式收敛。

(6) $\begin{cases}x_1=-4\\x_2=1\\x_3=2\end{cases}$

(7) 因为$\mathrm{cond}(A)=\|A\|\|A^{-1}\|\geqslant\|AA^{-1}\|=\|I\|=1$，所以$\mathrm{cond}(A)\geqslant 1$。

(8) $A^{-1}=\begin{bmatrix}9 & -36 & 30\\-36 & 192 & -180\\30 & -180 & 180\end{bmatrix}$，$\mathrm{cond}_\infty(A)=\|A\|_\infty\|A^{-1}\|_\infty=\frac{11}{6}\times408=748$；

$B^{-1}=\begin{bmatrix}72 & -240 & 180\\-240 & 900 & -720\\180 & -720 & 600\end{bmatrix}$，$\mathrm{cond}_\infty(B)=\|B\|_\infty\|B^{-1}\|_\infty=\frac{13}{12}\times1860=2015$。

(9) 证明：$(A+\alpha A)(x+\delta x)=b\Rightarrow(1+\alpha)A(x+\delta x)=b\Rightarrow A[(1+\alpha)(x+\delta x)]=b$，又$Ax=b$，$A$可逆，故方程组$Ax=b$有唯一解，即

$$(1+\alpha)(x+\delta x)=x\Rightarrow(1+\alpha)x+(1+\alpha)\delta x=x\Rightarrow\alpha x+(1+\alpha)\delta x=0,$$

$$\alpha x=-(1+\alpha)\delta x\Rightarrow\|\alpha x\|=\|(1+\alpha)\delta x\|\Rightarrow|\alpha|\,\|x\|$$

$$=|1+\alpha|\,\|\delta x\|\Rightarrow\frac{\|\delta x\|}{\|x\|}=\frac{|\alpha|}{|1+\alpha|}$$

(10) ① 雅可比迭代法的迭代公式为

$$\begin{bmatrix}x_1^{(k+1)}\\x_2^{(k+1)}\end{bmatrix}=\begin{bmatrix}0 & -2\\-0.3 & 0\end{bmatrix}\begin{bmatrix}x_1^{(k)}\\x_2^{(k)}\end{bmatrix}+\begin{bmatrix}1\\2\end{bmatrix}$$

谱半径为$\rho(G)=\sqrt{0.6}<1$，故雅可比迭代法收敛。

高斯-塞德尔迭代法

$$\begin{bmatrix}x_1^{(k+1)}\\x_2^{(k+1)}\end{bmatrix}=\begin{bmatrix}0 & -2\\0 & 0.6\end{bmatrix}\begin{bmatrix}x_1^{(k)}\\x_2^{(k)}\end{bmatrix}+\begin{bmatrix}1\\1.7\end{bmatrix}$$

谱半径为$\rho(G)=0.6<1$，故高斯-塞德尔迭代法收敛。

② $x^{(k+1)}=x^{(k)}+\alpha(Ax^{(k)}-b)=(I+\alpha A)x^{(k)}-\alpha b$

迭代矩阵为

$$\boldsymbol{B}=\boldsymbol{I}+\alpha\boldsymbol{A}=\begin{bmatrix}1+\alpha & 2\alpha\\0.3\alpha & 1+\alpha\end{bmatrix}$$

$$|\lambda\boldsymbol{I}-\boldsymbol{B}|=\begin{vmatrix}\lambda-1-\alpha & -2\alpha\\-0.3\alpha & \lambda-1-\alpha\end{vmatrix}=0$$

$$\lambda_1=1+(1+\sqrt{0.6})\alpha,\ \lambda_2=1+(1-\sqrt{0.6})\alpha$$

所以$\rho(B)=\max\{|1+(1+\sqrt{0.6})\alpha|,1+(1-\sqrt{0.6})\alpha\}<1$，即

$$\begin{cases}-1<1+(1+\sqrt{0.6})\alpha<1\\-1<1+(1-\sqrt{0.6})\alpha<1\end{cases}\text{，解得}-\frac{2}{1+\sqrt{0.6}}<\alpha<0$$

(11) 流量分别为：$x_1=300$，$x_2=500$，$x_3=200$，$x_4=0$，$x_5=500$，$x_6=800$，$x_7=100$，

$x_8=0$，$x_9=400$，$x_{10}=600$。

自测题一答案

一、(1) $y=10+(3+(4-6t)t)t$，其中 $t=\dfrac{1}{x-1}$；(2) 16，7，$0+16(x-0)+7(x-0)(x-1)$；

(3) [1，2]，[1.5，2]；(4) 1，3，5，2；(5) $\begin{cases} x_1^{(k+1)}=\dfrac{1}{5}(1+3x_2^{(k)}+0.1x_3^{(k)}) \\ x_2^{(k+1)}=\dfrac{1}{6}(2x_1^{(k+1)}-0.7x_3^{(k)}) \\ x_3^{(k+1)}=\dfrac{2}{7}(1-x_1^{(k+1)}-2x_2^{(k+1)}) \end{cases}$

-0.38，-0.2433，0.5333。

二、(1) C；(2) B；(3) C；(4) D；(5) A。

三、(1) 记 $x_0=0$，$x_1=1$，$y_0=e^{-0}=1$，$y_1=e^{-1}$，则 $y(x)=e^{-x}$ 以 x_0、x_1 为插值节点的一次插值多项式为

$$P(x)=y_0\frac{x-x_1}{x_0-x_1}+y_1\frac{x-x_0}{x_1-x_0}=1+(e^{-1}-1)x$$

$$y(x)-P(x)=\frac{1}{2}y''(\xi)(x-x_0)(x-x_1)=\frac{1}{2}e^{-\xi}x(x-1)，\xi\in(0,1)$$

所以

$$\max_{0\leqslant x\leqslant 1}|y(x)-P(x)|\leqslant\frac{1}{2}\max_{0\leqslant x\leqslant 1}|e^{-x}|\max_{0\leqslant x\leqslant 1}|x(x-1)|\leqslant\frac{1}{2}\times 1\times\frac{1}{4}=\frac{1}{8}$$

(2) 方程组左右同乘以系数矩阵的转置矩阵，得线性方程组 $\begin{cases}18x_1-3x_2=51\\-3x_1+46x_2=48\end{cases}$，解得 $\begin{cases}x_1=3.0403\\x_2=1.2418\end{cases}$

本题也可用求误差平方和最小值点的方法求解，即求

$$E=(11-2x_1-4x_2)^2+(3-3x_1-5x_2)^2+(6-x_1-2x_2)^2+(7-2x_1-x_2)^2$$

取得最小值时的 x_1，x_2。

(3) 作积分变量代换 $x=\dfrac{5+t}{4}$，则 $-1\leqslant t\leqslant 1$，故

$$\begin{aligned}I&=\int_{-1}^{1}e^{-\frac{(5+t)^2}{16}}dt\\&\approx\frac{1}{4}[0.555\,555\,56(e^{-\frac{(5-0.774\,596\,67)^2}{16}}+e^{-\frac{(5+0.774\,596\,67)^2}{16}})+0.888\,888\,89e^{-\frac{(5+0)^2}{16}}]\\&=0.109\,364\,2\end{aligned}$$

(4) $y(x)=\int_0^x e^{-t^2}dt$ 等价于

$$\begin{cases}y'=e^{-x^2}，x>0\\y(0)=0\end{cases}$$

记 $f(x, y)=e^{-x^2}$，取 $h=0.5$，记 $x_0=0$，$x_1=0.5$，$x_2=1.0$，$x_3=1.5$，$x_4=2.0$，则由欧拉公式

$$\begin{cases} y_{i+1} = y_i + hf(x_i, y_i), i = 0, 1, 2, \cdots, \\ y_0 = 0 \end{cases}$$

可得

$$y(0.5) \approx y_1 = y_0 + he^{-x_0^2} = 0.5$$

$$y(1.0) \approx y_2 = y_1 + he^{-x_1^2} = 0.889\ 40$$

$$y(1.5) \approx y_3 = y_2 + he^{-x_2^2} = 1.073\ 34$$

$$y(2.0) \approx y_4 = y_3 + he^{-x_3^2} = 1.126\ 04$$

(5) 追的过程为

$$l_1 = b_1 = 2,\ y_1 = \frac{d_1}{l_1} = 3,\ u_1 = \frac{c_1}{l_1} = -\frac{1}{2}$$

$$l_2 = b_2 - a_2 u_1 = \frac{5}{2},\ y_2 = \frac{d_2 - a_2 y_1}{l_2} = \frac{8}{5},\ u_2 = \frac{c_2}{l_2} = -\frac{4}{5}$$

$$l_3 = b_3 - a_3 u_2 = \frac{12}{5},\ y_3 = \frac{d_3 - a_3 y_2}{l_3} = \frac{1}{2},\ u_3 = \frac{c_3}{l_3} = -\frac{5}{4}$$

$$l_4 = b_4 - a_4 u_3 = \frac{5}{4},\ y_4 = \frac{d_4 - a_4 y_3}{l_4} = 2$$

赶的过程为

$$x_4 = y_4 = 2,\ x_3 = y_3 - u_3 x_4 = 3$$

$$x_2 = y_2 - u_2 x_3 = 4,\ x_1 = y_1 - u_1 x_2 = 5$$

该方程组的解为

$$x = (5, 4, 3, 2)^T$$

(6) 迭代收敛的充要条件是迭代矩阵的谱半径小于1。两种迭代格式的迭代矩阵分别为

$$M_J = \begin{bmatrix} 0 & -2 & 2 \\ -1 & 0 & 1 \\ -2 & -2 & 0 \end{bmatrix},\quad M_G = \begin{bmatrix} 0 & -2 & 2 \\ 0 & 2 & -3 \\ 0 & 0 & 2 \end{bmatrix}$$

谱半径分别为

$$\rho(M_J) = 0 < 1,\ \rho(M_G) = 2 > 1$$

由此判断，雅克比迭代法收敛，高斯-赛德尔迭代法发散。

自测题二答案

一、(1) $\dfrac{((((16x+17)x+18)x-14)x-13)x-1}{((x^2+16)x+8)x-1}$，$\dfrac{1}{\sqrt{2008}-\sqrt{2007}}$；(2) 5，3，15；(3) 2，4；(4) $x_k - \dfrac{x_k^3 + x_k - 1}{x_k^3 + x_k - x_0^3 - x_0}(x_k - x_0)$，$x_k - \dfrac{x_k^3 + x_k - 1}{x_k^3 + x_k - x_{k-1}^3 - x_{k-1}}(x_k - x_{k-1})$；(5) 3，3。

二、(1) D；(2) B；(3) D；(4) D；(5) D。

三、(1) $P(x)=y_0\dfrac{(x-x_1)(x-x_2)(x-x_3)}{(x_0-x_1)(x_0-x_2)(x_0-x_3)}+y_1\dfrac{(x-x_0)(x-x_2)(x-x_3)}{(x_1-x_0)(x_1-x_2)(x_1-x_3)}$

$+y_2\dfrac{(x-x_0)(x-x_1)(x-x_3)}{(x_2-x_0)(x_2-x_1)(x_2-x_3)}+y_3\dfrac{(x-x_0)(x-x_1)(x-x_2)}{(x_3-x_0)(x_3-x_1)(x_3-x_2)}$

$=\dfrac{4}{3}x^3-2x^2+\dfrac{8}{3}x+1$

(2) 将 $f(x)=1, x, x^2$ 代入公式两端，得 $c=\dfrac{1}{2}$，$x_0=\dfrac{3-\sqrt{3}}{6}$，$x_1=\dfrac{3+\sqrt{3}}{6}$。

(3) ① $y_p=y_{n-1}+h(-y_{n-1})=(1-h)y_{n-1}$

$$y_n=y_{n-1}+\frac{h}{2}(-y_{n-1}-y_p)=\left(1-h+\frac{h^2}{2}\right)y_{n-1}=\left(1-h+\frac{h^2}{2}\right)^2y_{n-2}=\cdots=\left(1-h+\frac{h^2}{2}\right)^ny_0$$

因为 $y_0=y(0)=1$，所以 $y_n=\left(1-h+\dfrac{h^2}{2}\right)^n$。

② 对任意给定的 $x=x_n=nh$，

$$\lim_{n\to\infty}y_n=\lim_{n\to\infty}\left(1-h+\frac{h^2}{2}\right)^n=\lim_{h\to 0}\left(1-h+\frac{h^2}{2}\right)^{\frac{x}{h}}$$

$$=\lim_{h\to 0}\left(1-\frac{2h-h^2}{2}\right)^{\frac{-2}{2h-h^2}\ \frac{2h-h^2}{-2}\ \frac{x}{h}}=\mathrm{e}^{-x}$$

$y=\mathrm{e}^{-x}$是该初值问题的精确解。

(4) 记 $\varphi(x)=\dfrac{x(x^2+3a)}{3x^2+a}$，则

$$\varphi(\sqrt{a})=\frac{\sqrt{a}(a+3a)}{3a+a}=\sqrt{a}$$

$$(3x^2+a)\varphi(x)=x(x^2+3a) \qquad (*)$$

对上式两边求导，得

$$(3x^2+a)\varphi'(x)+6x\varphi(x)=3x^2+3a$$

令 $x=\sqrt{a}$，

$$(3a+a)\varphi'(\sqrt{a})+6\sqrt{a}\varphi(\sqrt{a})=3a+3a$$

因而

$$\varphi'(\sqrt{a})=0$$

对式(*)两边求二阶导数，得

$$(3x^2+a)\varphi''(x)+12x\varphi'(x)+6\varphi(x)=6x$$

令 $x=\sqrt{a}$，得

$$\varphi''(\sqrt{a})=0$$

对(*)两边求三阶导数，得

$$(3x^2+a)\varphi'''(x)+18x\varphi''(x)+18\varphi'(x)=6$$

令 $x=\sqrt{a}$，得

$$\varphi'''(\sqrt{a})=\frac{3}{2a}\neq 0$$

因此该迭代格式三阶收敛。

(5) 系数矩阵为对角占优的线性方程组的两种迭代法均收敛，为保证上面方程组的迭代法收敛，将方程顺序调整为

$$\begin{cases}9x_1-x_2-x_3=7\\-x_1+8x_2+0x_3=7\\-x_1-0x_2+9x_3=8\end{cases}$$

这时系数矩阵严格对角占优，所以对该方程组实施雅克比迭代法和高斯-赛德尔迭代法均收敛。

(6) ① $\boldsymbol{A}(\lambda)=\begin{bmatrix}2\lambda & \lambda\\1 & 1\end{bmatrix}$，$\boldsymbol{A}^{-1}(\lambda)=\begin{bmatrix}\dfrac{1}{\lambda} & -1\\-\dfrac{1}{\lambda} & 2\lambda\end{bmatrix}$

$$\mathrm{cond}_\infty(\boldsymbol{A}(\lambda))=\|\boldsymbol{A}(\lambda)\|_\infty\|\boldsymbol{A}^{-1}(\lambda)\|_\infty=\max\{3|\lambda|,2\}\left(2+\frac{1}{\lambda}\right)$$

② $\mathrm{cond}_\infty(\boldsymbol{A}(\lambda))=\begin{cases}6|\lambda|+3, & |\lambda|>\dfrac{2}{3}\\2\left(2+\dfrac{1}{|\lambda|}\right), & |\lambda|\leqslant\dfrac{2}{3}\end{cases}$

可得当$|\lambda|=\dfrac{2}{3}$时，$\mathrm{cond}_\infty(A(\lambda))$取最小值为7。

附录 实验指导

实验一 插值法

一、实验目的

(1) 通过上机实习，进一步加深对拉格朗日插值、牛顿插值和三次样条函数插值的数学模型及基本算法的理解；

(2) 掌握编程语言在绘图方面的应用；

(3) 观察、比较三种插值函数各自的不同特点。

二、实验内容

利用拉格朗日插值、牛顿插值、三次样条函数插值算法，结合 VC＋＋、VB、Delphi、Matlab、JAVA、Turbo C 等任一种语言及绘图功能编程实现数值方法的求解。即在屏幕上用随机函数按适当的比例随机获取若干个点，然后用插值函数对上述离散点进行插值；并用可视化的用户界面及交互方式直观地显示三种插值函数的求解，使其计算结果更加直观和形象化。

(一) 拉格朗日插值

1. 方法概要

$$L_n(x)=\sum_{i=0}^{n}l_i(x)y_i=\sum_{i=0}^{n}\left(\prod_{\substack{j=0\\ j\neq i}}^{n}\frac{x-x_j}{x_i-x_j}\right)y_i$$

其中 $l_i(x)$称为拉格朗日插值基函数。可用双重循环来实现；内循环为连乘求得 $l_i(x)$，外循环为累加求出插值结果 y。

2. 算法描述

(1) 输入$\{x_0, x_1, \cdots, x_n, y_0, y_1, \cdots, y_n\}$。

(2) For $x=x_0, \cdots, x_n$。

2.1 $s\leftarrow 0$

2.2 For $i=0, 1, 2, \cdots, n$

2.2.1 $p\leftarrow 1$

2.2.2 For $j=0, 1, 2, \cdots, n$

2.2.2.1 $if\ (i \neq j) \qquad p=p^*\left(\dfrac{x-x_i}{x_j-x_i}\right)$

2.2.3 $s \leftarrow s+y_i p$

2.3 输出$\{x, s\}$所求点

2.4 连接(x_0, y_0), (x, s)

2.5 延时

2.6 $(x_0, y_0) \leftarrow (x, s)$

(3) 连接(x_0, y_0), (x_n, y_n)

(4) 结束

(二) 牛顿插值

1. 方法概要

$$f_n(x)=p_n(x)+R_n(x)$$

$$p_n(x)=f(x_0)+f(x_0, x_1)(x-x_0)+f(x_0, x_1, \cdots, x_n)(x-x_0)(x-x_1)\cdots(x-x_{n-1})+f(x, x_0, \cdots, x_n)(x-x_0)(x-x_1)\cdots(x-x_n)$$

$$R_n(x)=f(x, x_0, \cdots, x_n)(x-x_0)(x-x_1)\cdots(x-x_n)$$

其中

$$f(x_0, x_1, \cdots, x_n)=\sum_{k=0}^{n}\frac{f(x_k)}{\prod\limits_{j=0,\ j\neq k}^{n}(x_k-x_j)}$$

先计算 $f(x_0, x_1, \cdots, x_n)$，再计算 $p_n(x)$。使用牛顿公式，先构造出差商表，再按下列插值公式计算 x 各点的插值多项式值。

$$f_n(x)=f(x_0)+\sum_{j=1}^{n}\left[\prod_{k=0}^{j-1}(x-x_k)^* f(x_0, x_1, \cdots, x_j)\right]$$

差商表：

x_0	$f(x_k)$	$f[x_0, x_k]$	$f[x_0, x_1, x_k]$	$f[x_0, x_1, x_2, x_k]$	$f[x_0, x_1, x_2, x_3, x_n]$
x_0	y_0				
x_1	y_1	$f[x_0, x_1]$			
x_2	y_2	$f[x_1, x_2]$	$f[x_0, x_1, x_2]$		
x_3	y_3	$f[x_2, x_3]$	$f[x_1, x_2, x_3]$	$f[x_0, x_1, x_2, x_3]$	
x_4	y_4	$f[x_3, x_4]$	$f[x_2, x_3, x_4]$	$f[x_1, x_2, x_3, x_4]$	$f[x_0, x_1, x_2, x_3, x_4]$

其中斜线上的值就是牛顿插值公式中的系数。

2. 算法描述

先计算系数$\{d_0, d_1, \cdots, d_n\}$，再插值；

(1) 输入$\{x_0, x_1, \cdots, x_n, y_0, y_1, \cdots, y_n\}$。

(2) For $j=0, 1, \cdots, n$。

2.1 $d_j \leftarrow y_{j_i}$

(3) For $k=1, 2, \cdots, n$

3.1 For $j=n, n-1, \cdots, k$

3.3.1 $d_j \leftarrow (d_j - d_{j-1})/(x_j - x_{j-k})$

(4) For $j=0, \cdots, n$

4.1 $x \leftarrow x_j$

4.2 $p \leftarrow d_n$

4.3 For $i=n-1, \cdots, 0$

4.3.1 $p \leftarrow p(x-x_i)+d_i$

4.3.2 画线

4.4 $(x_0, y_0) \leftarrow (x, y)$

(5) 画线。

(6) 结束。

(三) 三次自然样条插值

1. 方法概要

(1) 三对角线性方程组

$$\begin{cases} 2m_1 + \alpha_1 m_2 = \beta_1 - (1-\alpha_1) y_0' \\ (1-\alpha_2) m_1 + 2m_2 + \alpha_2 m_3 = \beta_2 \\ \qquad \vdots \\ (1-\alpha_{n-2}) m_1 + 2m_{n-2} + \alpha_{n-2} m_{n-1} = \beta_{n-2} \\ (1-\alpha_{n-1}) m_{n-2} + 2m_{n-1} = \beta_{n-1} - \alpha_{n-1} y_n' \end{cases}$$

其中

$$h_i = (x_{i+1} - x_i)$$

$$\alpha_i = \frac{h_{i-1}}{h_{i-1} + h_i}$$

$$\beta_i = 3\left[(1-\alpha_i)\frac{y_i - y_{i-1}}{h_{i-1}} + \alpha \frac{y_{i+1} - y_i}{h_i}\right] \quad i = 1, 2, \cdots, n-1$$

计算得出 m_i 后代入下列表达式

$$S_3(x) = y_i \varphi_0\left(\frac{x-x_i}{h_i}\right) + y_{i+1}\varphi_1\left(\frac{x-x_i}{h}\right) + h_i m_i \psi_0\left(\frac{x-x_i}{h_i}\right) + h_i m_{i+1}\psi_1\left(\frac{x-x_i}{h_i}\right), \ i = 1, 2, \cdots, n-1$$

(2) 插值公式

当 $x_i \leqslant x \leqslant x_{i+1}$ 时 $(0 \leqslant i \leqslant n-1)$

$$S_3(x) = y_i \varphi_0\left(\frac{x-x_i}{h_i}\right) + y_{i+1}\varphi_1\left(\frac{x-x_i}{h}\right) + h_i m_i \psi_0\left(\frac{x-x_i}{h_i}\right) + h_i m_{i+1}\psi_1\left(\frac{x-x_i}{h_i}\right)$$

其中

$$\varphi_0(x) = (x-1)^2(2x+1), \quad \varphi_1(x) = x^2(-2x+3)$$

$$\varphi_0(x) = x(x-1)^2,\ \varphi_1(x) = x^2(x-1)$$

2. 算法描述

(1) 输入 n; x_1, …, x_{n+1}, $f_1=f(x_1)$, …, $f_{n+1}=f(x_{n+1})$, $fp_1=f'(x_1)$, $fp_2=f'(x_{n+1})$。

(2) For $i=1, 2, \cdots, n$。

2.1 $h_i \leftarrow x_{i+1}-x_i$

(3) $d_1 \leftarrow b_1 - fp_1$, $d_{n+1} \leftarrow fp_2 - b_n$。

(4) For $i=2, 3, \cdots, n$。

4.1 $d_i \leftarrow b_i - b_{i-1}$

(5) 用追赶法求方程组的解 m_1, m_2, …, m_{n+1}。

(6) For $i=1, 2, \cdots, n$。

6.1 $A_{1,i} \leftarrow f_i$

6.2 $A_{2,i} \leftarrow b_i - \dfrac{h_i}{6}(m_{i+1}+2m_i)$

6.3 $A_{3,i} \leftarrow \dfrac{m_i}{2}$

6.4 $A_{4,i} \leftarrow \dfrac{m_{i+1}-m_i}{6h_i}$

(7) 输出 $A_{k,i}$, $k=1, 2, 3, 4$, $i=1, 2, \cdots, n$, 得到 $S_i(x)=\sum_{k=1}^{4} A_{k,i}(x-x_i)^{k-1}$ 的系数 $A_{1,i}$, $A_{2,i}$, $A_{3,i}$, $A_{4,i}$, $i=1, 2, \cdots, n$, 可编写为函数。

(8) $xi \leftarrow x_0$, $yi \leftarrow S_i(x_0)$。

(9) For $k-0, 1, \cdots, n$。

9.1 For $x=x_k, x_k+1, \cdots, x_{k+1}$

9.1.1 $y \leftarrow S_k(x)$

9.1.2 画线

9.1.3 $xi \leftarrow x$, $yi \leftarrow y$

(10) 结束。

3. 追赶法算法

(1) 输入：方程组的阶数 n；三对角系数矩阵 $\boldsymbol{A}$ 的元素，包含下对角线元素 a_2, a_3, …, a_n, 主对角线元素 d_1, d_2, …, d_n, 上对角线元素 c_1, c_2, …, c_{n-1}；常数项 $\boldsymbol{b}=[b_1, b_2, \cdots, b_n]^{\mathrm{T}}$。

(2) 若 $d_1=0$, 则输出"Fail", 结束。

(3) $p_1 \leftarrow d_1$; $q_1 \leftarrow \dfrac{c_1}{d_1}$。

(4) 对 $k=2, \cdots, n-1$ 做 Step 4～6。

4.1 $p_k \leftarrow d_k - a_k q_{k-1}$。

4.2 若 $p_k=0$, 则输出"Fail", 结束。

4.3 $q_k \leftarrow \dfrac{c_k}{p_k}$。

(5) $p_n \leftarrow d_n - a_n q_{n-1}$。

(6) 若 $p_n=0$，则输出“Fail”，结束。

(7) $y_1 \leftarrow \dfrac{b_1}{p_1}$。

(8) 对 $k=2, \cdots, n-1$。

8.1 $y_k \leftarrow \dfrac{b_k - a_k y_{k-1}}{p_k}$。

(9) $x_n \leftarrow y_n$。

(10) 对 $k=n, n-1, \cdots, 1$。

10.1 $x_k \leftarrow y_k - q_k x_{k+1}$。

(11) 输出 $x_1, \cdots, x_n$，结束。

三、实验步骤

(1) 根据实验内容和算法流程图预先编好程序初稿，上机调试、运行。

(2) 先在屏幕上按适当比例和位置画出坐标轴，并在屏幕上用随机函数按适当比例画出若干个点(至少 7～9 个)。

(3) 分别用拉格朗日插值、牛顿插值、三次样条插值对上述离散点进行拟和，即绘出插值函数曲线。

(4) 测试、分析它们的运行结果，并比较三种插值算法的不同特点。

(5) 实验完毕后提交实验报告。实验报告的内容包括：实验目的、实验内容、源程序清单和结果分析及心得体会。

四、实验结果

实验结果如实验图 1 所示。

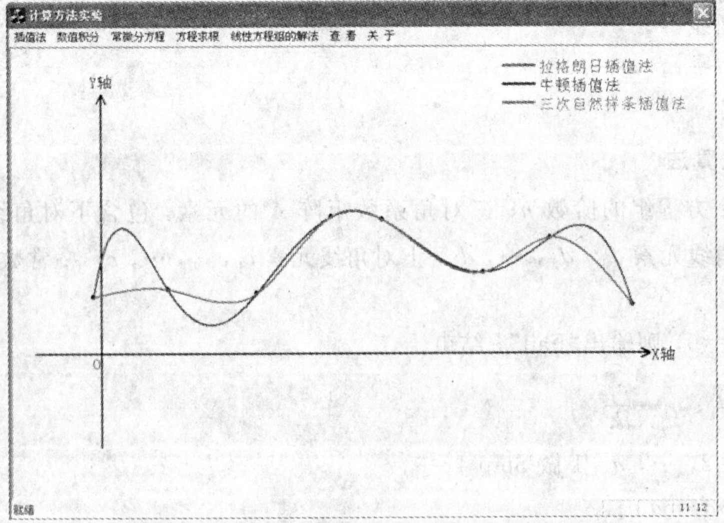

实验图 1 插值法

实验二　数值积分

一、实验目的

(1) 掌握用龙贝格公式及变步长梯形法两种算法计算定积分的编程与应用。

(2) 掌握用图形方式来演示两种算法对数值积分的计算，并体会两种方法的精度差异。

二、实验内容

用龙贝格算法和变步长梯形积分方法计算 $\int_0^6 \frac{\sin x}{x}\mathrm{d}x$，并在屏幕上按适当的比例画出该曲边梯形。

(一) 龙贝格算法(Romberg)

1. 方法概要

$$T_{2n} = \frac{1}{2}\left[T_n + h_n \sum_{i=0}^{n-1} f(x_i + 1)\right]$$

$$S_n = T_{2n} + \frac{1}{3}(T_{2n} - T_n)$$

$$C_n = S_{2n} + \frac{1}{15}(S_{2n} - S_n)$$

$$R_n = C_{2n} + \frac{1}{63}(C_{2n} - C_n)$$

用事后估计法控制精度。若 $|R_{2n} - R_n| < \varepsilon$，则终止计算，并取 R_{2n} 作为计算结果，否则继续计算。先使用龙贝格算法，计算二分情况下的值，然后用事后估计法控制精度，若大于误差范围则进一步二分。

2. 算法描述

(1) 设定上下边界、给出步长和精度 $a=0$；$b=6$；$k=1$；$\varepsilon=0.0001$。

(2) 计算 $h \leftarrow b-a$。

(3) 第一次二分步长 $T_1 \leftarrow \frac{h}{2}(f(a)+f(b))$。

(4) $S \leftarrow 0$，$x \leftarrow a+\frac{h}{2}$。

(5) 输出 T_1，画线，$S \leftarrow S+f(x)$，$x \leftarrow x+h$。

(6) If $(x<b)$ Then goto step 5。

(7) $T_2 \leftarrow \frac{1}{2}(T_1+Sh)$，$S_2 \leftarrow T_2+\frac{1}{3}(T_2-T_1)$。

(8) If $(k \neq 1)$ Then goto step 10。

(9) $T_1 \leftarrow T_2$, $S_1 \leftarrow S_2$, $h \leftarrow \frac{h}{2}$, $k \leftarrow k+1$, goto step 4。

(10) $C_2 \leftarrow S_2 + \frac{1}{15}(S_2 - S_1)$。

(11) If $(k=2)$ Then $C_1 \leftarrow C_2$ goto step 9。

(12) $R_2 \leftarrow C_2 + \frac{1}{63}(C_2 - C_1)$。

(13) If $(k=3)$ Then $R_1 \leftarrow R_2$, $C_1 \leftarrow C_2$, goto step 9。

(14) If $(|R_2 - R_1| \geqslant \varepsilon)$ Then $R_1 \leftarrow R_2$, $C_1 \leftarrow C_2$ goto step 9。

(15) 输出积分。

(16) 结束。

(二) 逐步二分法

1. 方法概要

$$\begin{aligned}T_{2n} &= \frac{h_{2n}}{2}\left(f(a) + 2\sum_{k=1}^{2n-1} f(x_k) + f(b)\right) \\ &= \frac{1}{2} \cdot \frac{h_{2n}}{2}\left[\left(f(a) + 2\sum_{k=1}^{n-1} f(x_{2k}) + f(b)\right) + 2\sum_{k=0}^{n-1} f(x_{2k+1})\right] \\ &= \frac{1}{2}\left[T_n + h_n \sum_{k=0}^{n-1} f(x_{2k+1})\right]\end{aligned}$$

其中 $h_n = \frac{b-a}{n} = 2\,\frac{b-a}{2n} = 2h_{2n}$，用事后估计法控制精度 $|T_{2n} - T_n| < \varepsilon$。

2. 算法描述

(1) 设定上下边界和精度 a、b、ε。

(2) $\varepsilon \leftarrow \frac{\varepsilon}{(b-a)}$, $I \leftarrow 0$, $S \leftarrow 0$, $u \leftarrow a$, $v \leftarrow b$。

(3) $h \leftarrow v - u$, $T_1 \leftarrow \frac{1}{2}(f(u) + f(v))$。

(4) $w \leftarrow \frac{1}{2}(u+v)$, $T_2 \leftarrow \frac{1}{2}(T_1 + h^* f(w))$，绘制图线。

(5) If$(|T_2 - T_1| < h^* \varepsilon)$ goto step 7。

(6) $I \leftarrow I+1$, $ST(I) \leftarrow v$, $v \leftarrow w$, goto step 3。

(7) $S \leftarrow S + T_2$。

(8) If$(I=0)$ goto step 10。

(9) $u \leftarrow v$, $v \leftarrow ST(I)$, $I \leftarrow I-1$, goto step 3。

(10) 输出积分，结束。

三、实验步骤

(1) 根据实验内容和算法流程图预先编好程序初稿，上机调试、运行。

(2) 在屏幕上按适当比例和位置画出坐标轴，并在屏幕上用绘图函数绘出曲边梯形的面积。

(3) 计算积分值，测试、分析其运行结果，并比较两种数值积分不同的特点和精度差异。

(4) 实验完毕后提交实验报告。实验报告的内容包括实验目的、实验内容、源程序清单和结果分析及心得体会。

四、实验结果

龙贝格算法结果如实验图 2 所示，变步长积分结果如实验图 3 所示。

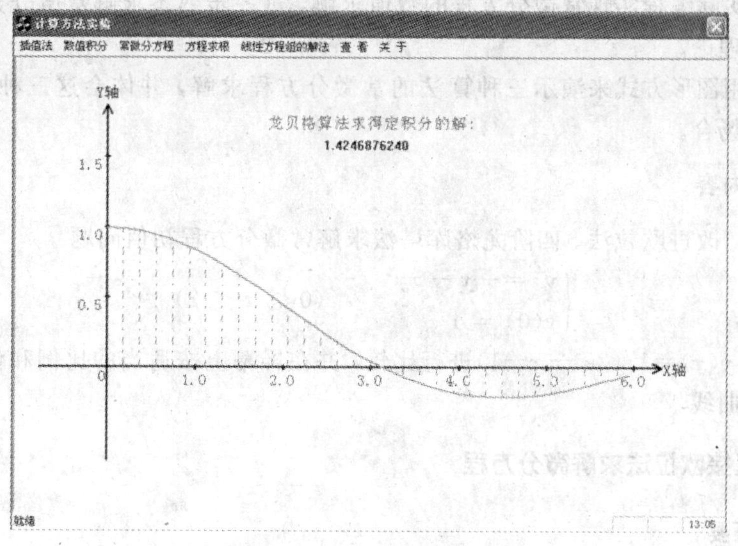

实验图 2　龙贝格算法

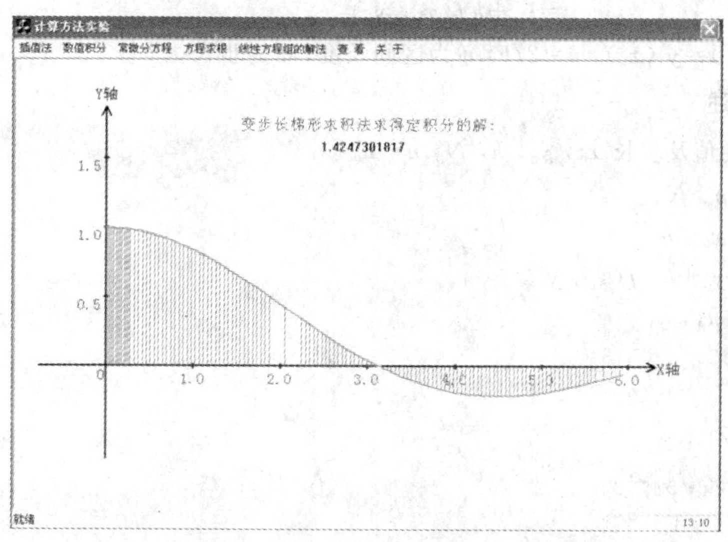

实验图 3　变步长积分

实验三 常微分方程

一、实验目的

(1) 掌握欧拉法、改进欧拉法、四阶龙格-库塔法这三种算法的编程与应用。

(2) 通过实际编程实现常微分方程的数值求解，进一步熟悉求解常微分方程初值问题的有关方法和理论。

(3) 掌握用图形方式来演示三种算法的常微分方程求解，并体会这三种解法的功能、优缺点及适用场合。

二、实验内容

用欧拉法、改进欧拉法、四阶龙格库塔法求解常微分方程初值问题

$$\begin{cases} y' = -y - xy^2 \\ y(0) = 1 \end{cases} \quad (0 \leqslant x \leqslant 2)$$

与精确解 $y(x)=1/(2e^x-x-1)$ 进行比较，并在屏幕上按适当的比例和位置画出坐标轴及解的函数曲线。

(一) 用直接欧拉法求解微分方程

1. 方法概要

$$\begin{cases} x_{n+1} = x_n + h \\ y_{n+1} = y_n + hf(x_n, y_n) \end{cases} \quad n=0, 1, 2, \cdots$$

其中，$f(x_n, y_n)=y'(x_n)$，$n=2/h$，n 为区间长度，h 为步长。

2. 算法描述

(1) 输入初值及步长 x_0，y_0，h，N，$n \leftarrow 1$。

(2) Until $n>N$。

2.1 $x_1 \leftarrow x_0 + h$

2.2 $y_1 \leftarrow y_0 + h^* f(x_0, y_0)$

2.3 输出 x_1，y_1

2.4 画线

2.5 延时

2.6 $n \leftarrow n+1$

2.7 $x_0 \leftarrow x_1$，$y_0 \leftarrow y_1$

(3) 结束。

(二) 改进欧拉法

1. 方法概要

$$y_p = y_k + hf(x_k, y_k)$$

$$y_c = y_k + hf(x_{k+1}, y_p)$$

$$y_{k+1} = \frac{1}{2}(y_p + y_c)$$

2. 算法描述

(1) 输入初值及步长 x_0, y_0, N, $h=0.1$, $n \leftarrow 1$。

(2) Until $n > N$。

2.1 $x_1 \leftarrow x_0 + h$

2.2 $y_p \leftarrow y_0 + h^* f(x_0, y_0)$

2.3 $y_c \leftarrow y_0 + h^* f(x_1, y_1)$

2.4 $y_1 \leftarrow (y_p + y_c)/2$

2.5 输出 x_1, y_1, 连接$(x_0, y_0)(x_1, y_1)$, 延时

2.6 $n \leftarrow n+1$, $x_0 \leftarrow x_1$, $y_0 \leftarrow y_1$

(3) 结束。

(三) 经典四阶龙格库塔法

1. 方法概要

$$y_1 = y_0 + \frac{h}{6} * (k_1 + 2 * k_1 + 2 * k_2 + k_1)$$

$$k_1 = f(x_0, y_0)$$

$$k_2 = f\left(x_0 + \frac{2}{h}, y_0 + \frac{h}{2} * k_1\right)$$

$$k_3 = f\left(x_0 + \frac{h}{2}, y_0 + \frac{h}{2} * k_2\right)$$

$$k_4 = f(x_1, y_0 + h * k_3)$$

2. 算法描述

(1) 输入初值及步长 x_0, y_0, h, N, $n \leftarrow 1$。

(2) Until $n > N$。

2.1 $x_1 \leftarrow x_0 + h$

2.2 $k_1 \leftarrow -y_0 + x_0 * y_0 * y_0$

2.3 $k_2 \leftarrow -\left(y_0 + h * \frac{k_1}{2}\right) - \left(x_0 + \frac{h}{2}\right) * \left(y_0 + h * \frac{k_1}{2}\right) * \left(y_0 + h * \frac{k_1}{2}\right)$

2.4 $k_3 \leftarrow -\left(y_0 + h * \frac{k_2}{2}\right) - \left(x_0 + \frac{h}{2}\right) * \left(y_0 + h * \frac{k_2}{2}\right) * \left(y_0 + h * \frac{k_2}{2}\right)$

2.5 $k_4 \leftarrow -(y_0 + h * k_3) - (x_0 + h) * (y_0 + h * k_3) * (y_0 + h * k_3)$

2.6 $y_1 \leftarrow y_0 + \frac{h * (k_1 + 2 * k_2 + 2 * k_3 + k_4)}{6}$

2.7 输出 x_1, y_1, 绘制图线, 延迟

(3) If $(n=N)$ Then goto 4。

Else $n \leftarrow n+1$, $x_0 \leftarrow x_1$, $y_0 \leftarrow y_1$, goto 2.1

(4) 结束。

三、实验步骤

(1) 根据实验内容和算法流程图预先编好程序初稿，上机调试、运行。

(2) 在屏幕上按适当比例和位置画出坐标轴及常微分方程初值解的函数曲线。

(3) 输出函数 $y(x)$ 在区间$[a, b]$上相应各点处的函数值。测试、分析它们的运行结果，并比较三种常微分方程的精度和误差。

(4) 实验完毕后提交实验报告。实验报告的内容包括实验目的、实验内容、源程序清单和结果分析及心得体会。

四、实验结果

欧拉法运算结果如实验图 4 所示，改进欧拉法运算结果如实验图 5 所示，经典四阶龙格-库塔法运算结果如实验图 6 所示。

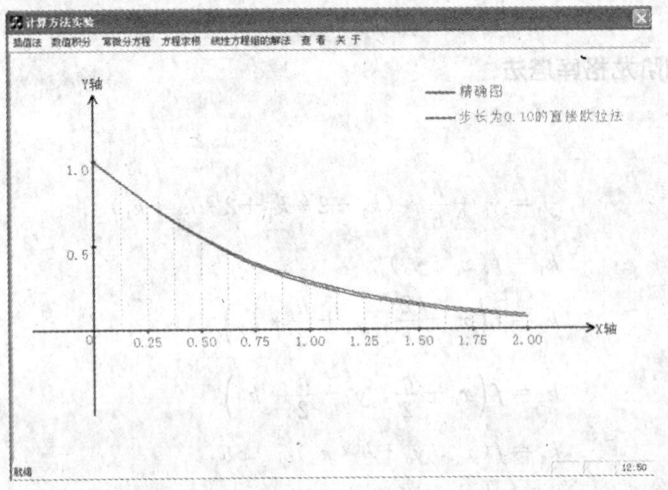

实验图 4 欧拉法

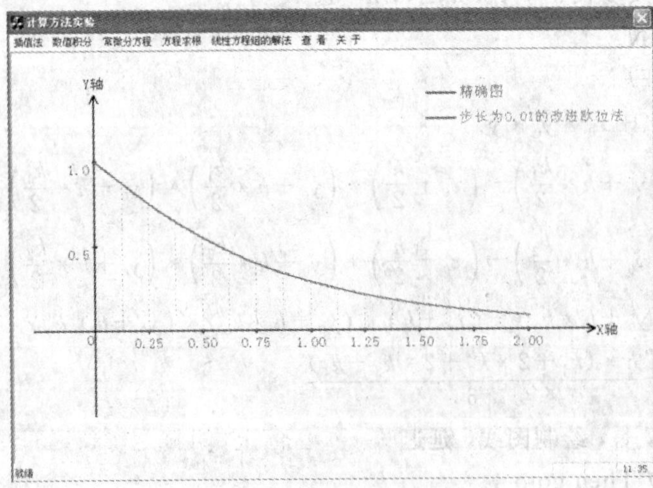

实验图 5 改进欧拉法

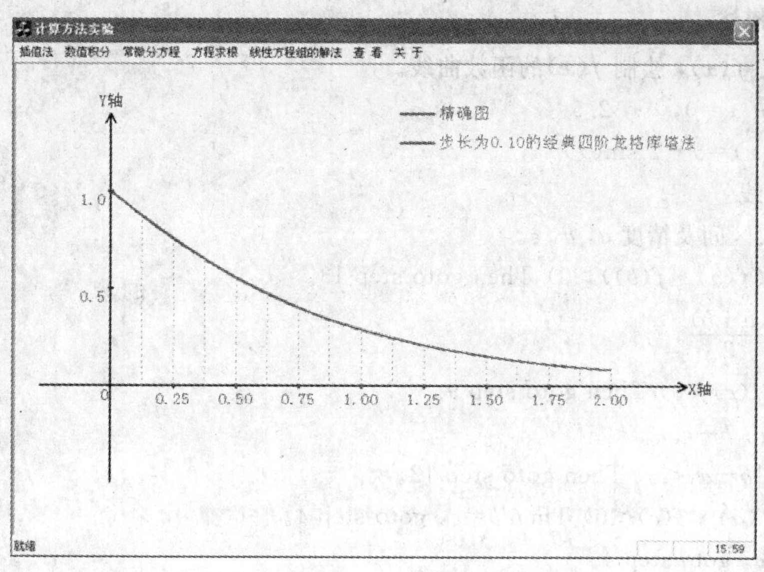

实验图 6 经典四阶龙格-库塔法

实验四 方程求根

一、实验目的

(1) 学会二分法、牛顿法、弦截法三种方程求根的编程与应用。

(2) 掌握方程求根的最基本、常用的运算方法和理论。

(3) 掌握用图形方式来演示三种算法的方程求解，并体会它们各自不同的特点及收敛速率。

二、实验内容

求方程 $f(x)=x-2\sin(x)=0$ 的非零根，按适当的比例在屏幕上画出 $f(x)$ 的函数曲线以及根在 x 轴上的逼近过程。

(一) 二分法

1. 方法概要

用对分区间的方法，通过判别函数 $f(x)$ 的符号，逐步将有根区间缩小，使在足够小区间内，方程有且仅有一根。具体步骤如下：

(1) 取中点 x_0，二分区间。

(2) 判断根 x^* 是在 $[a, x_0]$ 还是在 $[x_0, b]$ 区间上，并随之将新区间的端点取代原先的 a 和 b。

(3) 判断近似根是否达到预定的计算精确要求。

2. 算法描述

(1) 定义 $f(x)$，绘制 $f(x)$的函数曲线。

1.1 For $x=0, \cdots, 2.5$

1.2 $f(x)=x-2\sin(x)$

1.3 画线

(2) 输入区间及精度 a，b，ε。

(3) If $((f(a)*f(b))>0)$ Then goto step 13。

(4) $c\leftarrow\dfrac{(a+b)}{2}$。

(5) If $(f(c)\neq0)$ Then goto step 9。

(6) $a\leftarrow c$；$b\leftarrow c$。

(7) If $(|b-a|<\varepsilon)$ Then goto step 12。

(8) If$(f(a)*f(c)<0)$ Then $b=c$，goto step 4。

(9) $a\leftarrow c$，goto step 4。

(10) 输出 x。

(11) 绘图。

(12) goto step 14。

(13) 输出“根不在输入的区间内”。

(14) 结束。

(二) 牛顿法

1. 方法概要

$$x_{k+1}=x_k-\frac{f(x_k)}{f'(x_k)}$$

给出 x_0 值，由迭代理论可知，当初值 x_0 在根 x^* 邻近时，x_k 收敛于 x^* 且收敛速度较快，根据事后估计法，由 $|x_{k+1}-x_k|<\varepsilon$ 控制精度。由于此方法为局部收敛，若 x_0 选择不当，会得到$\{x_k\}$发散，故在迭代一定次数后，可令其中终止迭代。

2. 算法描述

(1) 定义 $f(x)$，绘制 $f(x)$的函数曲线。

1.1 For $x=0, \cdots, 2.5$

1.2 $f(x)=x-2\sin(x)$

1.3 画线

(2) 输入 x 的近似值、精度及迭代次数 x_0，ε，N。

(3) $k\leftarrow1$。

(4) If$(f'(x_0)=0)$ Then goto step 9。

(5) $x_1\leftarrow x_0-\dfrac{f(x_0)}{f'(x_0)}$。

5.1 画线

(6) If $(|x_1-x_0|<\varepsilon)$ Then goto step 10。

(7) If $(k=N)$ Then goto step 11。

(8) $k\leftarrow k+1$，$x_0\leftarrow x_1$，goto step 4。

(9) 输出奇异标志，goto step 12。

(10) 输出方程根，goto step 12。

(11) 输出“迭代失败”标志。

(12) 结束。

(三) 弦截法

1. 方法概要

用差商 $f(x_k)-f(x_0)/(x_k-x_{k-1})$代替牛顿公式中的导数，而得到弦截公式：

$$x_{k+1}=x_k-\frac{f(x_k)}{f(x_k)-f(x_{k-1})}(x_k-x_{k-1})$$

2. 算法描述

(1) 定义 $f(x)$，即绘制 $f(x)$的函数曲线。

1.1 $x=0, \cdots, 2.5$

1.2 $f(x)=x-2\sin(x)$

1.3 画 $f(x)$的函数曲线

(2) 输入 x_0，x_1，ε。

(3) $f_0\leftarrow f(x_0)$，$f_1\leftarrow f(x_1)$。

(4) $x_2\leftarrow x_1-f_1/(f_1-f_0)*(x_1-x_0)$，连接$(x_0, f_0)(x_2, 0)$。

(5) If $(|x_2-x_1|<\varepsilon)$ Then goto step 7。

(6) $x_0\leftarrow x_1$，$x_1\leftarrow x_2$，goto step 3。

(7) 输出方程的根 x_2。

(8) 结束。

三、实验步骤

(1) 根据实验内容和算法流程图预先编好程序初稿，上机调试、运行。

(2) 按适当的比例在屏幕上画出 $f(x)$的函数曲线以及根在 x 轴上的逼近过程。

(3) 测试、分析它们的运行结果，并比较二分法、牛顿法、弦截法三种方程求根的运算速率及精度误差。

(4) 实验完毕后提交实验报告。实验报告的内容包括实验目的、实验内容、源程序清单和结果分析及心得体会。

四、实验结果

二分法结果如实验图 7 所示，牛顿法结果如实验图 8 所示，弦截法结果如实验图 9 所示。

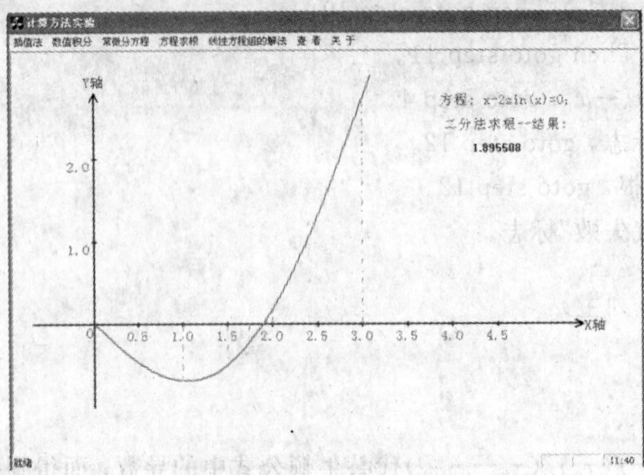

实验图 7　方程求根的区间二分法

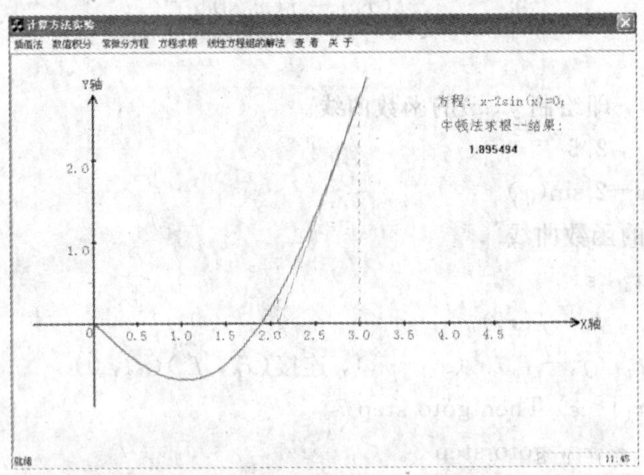

实验图 8　方程求根的牛顿法

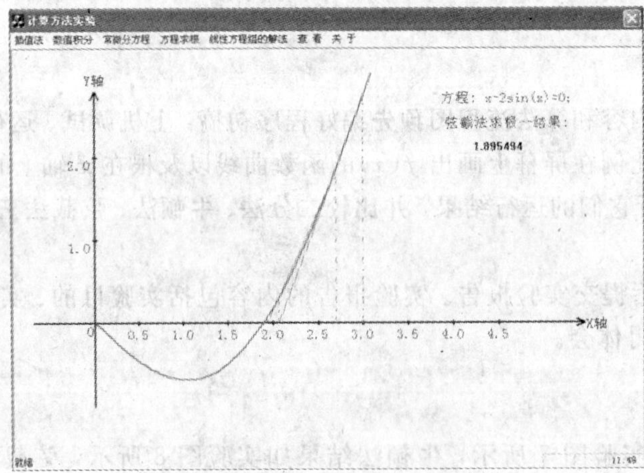

实验图 9　方程求根的弦截法

实验五　线性方程组的解法

一、实验目的

(1) 熟悉求解线性方程组的有关理论与方法。

(2) 掌握 Gauss 列主元削去法和 Gauss - Seidel 迭代法的编程及应用。

(3) 进一步了解两种算法的功能、优缺点，领会系数矩阵对解的影响。

二、实验内容

用随机函数随机产生一个 n 阶线性方程组，用列主元消去法求解线性方程组，并且对该解进行验算及误差验证。

(一) Gauss 列主元削去法

1. 方法概要

解线性方程组 $Ax=b$，高斯消去法分消元过程和回代过程两个环节。

1) 消元过程

对 $k=1, 2, \cdots, n-1$ 进行下列运算：

(1) 选主元，确定 i_k，使

$$|a_{i_{k,k}}|=\max_{k\leqslant i\leqslant n}|a_{ik}|$$

若 $a_{rt}=0$，则系数矩阵为奇异的，停止计算，否则进行下一步。

(2) 交换 $\boldsymbol{A}$ 中的 r，t 两行及 t，r 两列，并记下交换的下标 t，k。

(3) 对 $i=k+1, k+2, \cdots, n$；$j=k+1, k+2, \cdots, n+1$，计算 $a_{ij}=a_{ij}-a_{ik}a_{kj}/a_{kk}$。

2) 回代过程

对 $k=n, n-1, \cdots, 1$；按下列公式计算

$$x_k=\frac{a_{k,n+1}+1-\sum_{j=k-1}^{n}a_{kj}x_j}{a_{kk}}$$

3) 恢复解的顺序

2. 算法描述

(1) 用随机函数产生系数增广矩阵$[\boldsymbol{A},\boldsymbol{b}]$，其中 $\boldsymbol{A}=[a_{ij}]_{n\times n}$，$\boldsymbol{b}=[a_{1,n+1},\cdots,a_{n,n+1}]^{\mathrm{T}}$。

(2) 输出方程组的解 b_1，…，b_n 或系数矩阵奇异信息。

(3) $k\leftarrow 1$。

// 选主元

(4) $d\leftarrow a_{kk}$，$l\leftarrow k$。

(5) $k\leftarrow k+1$。

(6) If ($|a_{ik}|\leqslant|d|$) Then goto step 8。

(7) $d\leftarrow a_{ik}$，$l\leftarrow i$

(8) $f(i\neq n)$ Then goto step 6。

(9) $f(d=0)$，输出“奇异标志”，goto step 18。

(10) $f(l=k)$ Then goto step 12。

(11) For $j=k$，…，$n+1$，

$a_{kj}\leftrightarrow a_{ij}$。

// 消元与回代过程

(12) For $j=k+1$，…，n，

$a_{kj}\leftarrow\frac{a_{kj}}{a_{kk}}$。

(13) $b_k\leftarrow\frac{b_k}{a_{kk}}$。

(14) For $i=k+1$，…，n

For $j=k+1$，…，n

$a_{ij}\leftarrow a_{ij}-a_{ik}a_{kj}$

(15) For $i=k+1$，…，n

$b_i\leftarrow b_i-a_{ik}b_k$

(16) $f(k\neq n)$ $k=k+1$, goto step 4。

(17) For $i=n-1$，…，1

$$b_i\leftarrow b_i-\sum_{j=i+1}^{n}a_{ij}b_j$$

(18) 输出 b_1，…，b_n。

(19) 结束。

(二) Gauss-Seidel 迭代法

1. 方法概要

解方程组 $Ax=b$(设 $a_{ii}\neq 0$，$i=1, 2, \cdots, n$)，化为等价方程组

$$x_i=\frac{1}{a_{ii}}(b_j-\sum_{j\neq i}a_{ij}x_j)$$

采用迭代法公式

$$x_i^{(k+1)}=\frac{1}{a_{ii}}(b_i-\sum_{j=1}^{i-1}a_{ij}x_j^{(k+1)}-\sum_{j=i+1}^{n}a_{ij}x_j^{(k)})\qquad(i=1, 2, \cdots, n)$$

2. 算法描述

(1) 输入方程组的阶数 n；误差容限 ε；最大迭代次数 N。

(2) 用随机函数产生系数增广矩阵$[\boldsymbol{A}, \boldsymbol{b}]$，其中 $\boldsymbol{A}=[a_{ij}]_{n\times n}$，$\boldsymbol{b}=[a_{1,n+1}, \cdots, a_{n,n+1}]^{\mathrm{T}}$。

(3) 令 $k=1$，…，N。

令 $i=1$，…，n

$$x_i\leftarrow\frac{b_i-\sum_{j=1}^{i-1}a_{ij}x_j-\sum_{j=i+1}^{n}a_{ij}x0_j}{a_{ii}}$$

若 $\| x - x0 \| < \varepsilon$，则输出$(x_1, \cdots, x_n)$，结束。

令 $i=1, \cdots, n$

$$x0_i \leftarrow x_i$$

(4) 输出“N exceeded!”，结束。

三、实验步骤

(1) 根据实验内容和算法流程图预先编好程序初稿，上机调试、运行。

(2) 随机地产生一个 n 阶线性方程组并用两种算法求解，同时对该解进行验证。

(3) 测试、分析它们的运行结果，并比较两种线性方程组求解方法及精度误差。

(4) 实验完毕后提交实验报告。实验报告的内容包括实验目的、实验内容、源程序清单和结果分析及心得体会。

四、实验结果

高斯消去法结果如实验图 10 所示，高斯-赛德尔迭代法结果如实验图 11 所示。

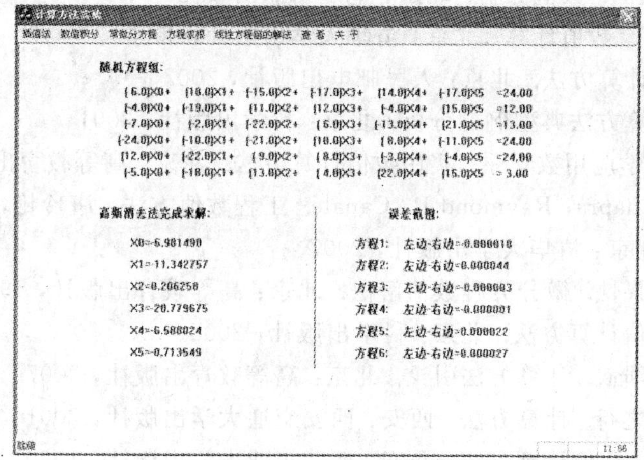

实验图 10　高斯消去法

计算方法实验
插值法 数值积分 常微分方程 方程求根 线性方程组的解法 查看 关于
随机方程组:
(226.0)X0+ (18.0)X1+ (-15.0)X2+ (-17.0)X3+ (14.0)X4+ (-17.0)X5 =24.00
(-4.0)X0+ (201.0)X1+ (11.0)X2+ (12.0)X3+ (-4.0)X4+ (15.0)X5 =12.00
(-7.0)X0+ (-2.0)X1+ (198.0)X2+ (6.0)X3+ (-13.0)X4+ (21.0)X5 =13.00
(-24.0)X0+ (-10.0)X1+ (-21.0)X2+ (230.0)X3+ (8.0)X4+ (-11.0)X5 =24.00
(12.0)X0+ (-22.0)X1+ (9.0)X2+ (8.0)X3+ (217.0)X4+ (-4.0)X5 =24.00
(-5.0)X0+ (-18.0)X1+ (13.0)X2+ (4.0)X3+ (22.0)X4+ (235.0)X5 = 3.00
迭代 47 次
成功!
高斯-赛德尔迭代法完成求解:
X0=0.109889
X1=0.052444
X2=0.072753
X3=0.121340
X4=0.102412
X5=0.003443
误差范围:
方程1: 左边-右边=0.000023
方程2: 左边-右边=-0.000005
方程3: 左边-右边=0.000000
方程4: 左边-右边=0.000000
方程5: 左边-右边=-0.000000
方程6: 左边-右边=0.000000
就绪
12:23

实验图 11　高斯-赛德尔迭代法

参考文献

[1] 王能超. 数值分析简明教程. 2版. 北京：高等教育出版社，2004

[2] 施妙根，顾丽珍. 科学和工程计算基础. 北京：清华大学出版社，1999

[3] Richard L. Burden，J. Douglas Faires. Numerical Analysis. Higher Education Press & Thomson Learning，Inc. ，2001

[4] J. H. Mathews，K. D. Fink. Numerical Methods Using MATLAB. Publishing House of Electronics Industry，2002

[5] 孙志忠，袁慰平，闻震初. 数值分析. 南京：东南大学出版社，2002

[6] 金聪，熊盛武. 数值分析. 武汉：武汉理工大学出版社，2003

[7] 徐士良. 数值分析与算法. 北京：机械工业出版社，2003

[8] 陈增荣，高卫国. 数值分析. 北京：电子工业出版社，2002

[9] 曾喆昭，文卉. 数值计算. 北京：清华大学出版社，2005

[10] 刘萍. 数值计算方法. 北京：人民邮电出版社，2002

[11] 孙志忠. 计算方法典型例题分析. 北京：科学出版社，2001

[12] 电子科技大学应用数学系. 实用数值计算方法. 北京：高等教育出版社，2001

[13] Stevet C. Chapra，Raymond P. Canale. 工程数值方法. 唐玲艳，田尊华，刘齐军，译. 5版. 北京：清华大学出版社，2007

[14] 李荣华，冯果忱. 微分方程数值解法. 北京：高等教育出版社，1996

[15] 林成森. 数值计算方法. 北京：科学出版社，2005

[16] 徐萃薇，孙绳武. 计算方法引论. 北京：高等教育出版社，2007

[17] 邓建中，刘之行. 计算方法. 西安：西安交通大学出版社，2001

[18] 聂铁军，等. 数值计算方法. 西安：西北工业大学出版社，1990

[19] 武汉大学，山东大学计算数学教研室. 计算方法. 北京：人民教育出版社，1979

[20] 蔡大用，白峰杉. 高等数值分析. 北京：清华大学出版社，1997

[21] 周铁. 计算方法. 北京：清华大学出版社，2006

[22] 高尚，别小川，蒋晶，等. "计算方法"实验内容的改革. 实验室研究与探索，2007，26(10)

[23] 高尚，别小川，蒋晶，等. 加强"计算方法"的实验环节. 计算机教育，2007(4)

[24] 高尚. 关于直线拟合的注记. 工科数学，2001(5)

[25] 高尚. 不动点迭代法的一点注记. 大学数学，2003(4)

[26] 高尚，陈钢. 解微分方程组的改进尤拉方法的改进. 大学数学，2005(5)

[27] 高尚. 多项式拟合的推广. 大学数学，2006(3)

[28] 高尚. 辛甫生公式的推广. 大学数学，2007(2)

欢迎选购西安电子科技大学出版社教材类图书

～～～～"十一五"国家级规划教材～～～～

计算机系统结构(第四版)(李学干) 25.00
计算机系统安全(第二版) (马建峰) 30.00
计算机网络 (第三版)(蔡皖东) 27.00
计算机应用基础教程(第四版)(陈建铎)
(for Windows XP/Office XP) 30.00
计算机应用基础(冉崇善) (高职)
(Windows XP & Office 2003 版) 23.00
《计算机应用基础》实践技能训练
与案例分析(高职)(冉崇善) 18.00
微型计算机原理(第二版)(王忠民) 27.00
微型计算机原理及接口技术(第二版)(裘雪红) 36.00
微型计算机组成与接口技术(第二版)(高职) 28.00
微机原理与接口技术(第二版)(龚尚福) 37.00
单片机原理及应用(第二版)(李建忠) 32.00
单片机应用技术(第二版)(高职)(刘守义) 30.00
Java程序设计(第二版)(高职)(陈圣国) 26.00
编译原理基础(第二版)(刘坚) 29.00
人工智能技术导论 (第三版)(廉师友) 24.00
多媒体软件设计技术(第三版)(陈启安) 23.00
信息系统分析与设计(第二版)(卫红春) 25.00
信息系统分析与设计(第三版)(陈圣国)(高职) 20.00
传感器原理及工程应用(第三版) 28.00
数字图像处理(第二版)(何东健) 30.00
电路基础(第三版)(王松林) 39.00
模拟电子电路及技术基础(第二版)(孙肖子) 35.00
模拟电子技术(第三版)(江晓安) 25.00
数字电子技术(第三版)(江晓安) 23.00
数字电路与系统设计(第二版)(邓元庆) 35.00
数字信号处理(第三版)(高西全) 29.00
电磁场与电磁波(第二版)(郭辉萍) 28.00
现代通信原理与技术(第二版)(张辉) 39.00
移动通信(第四版)(李建东) 30.00
移动通信(第二版)(章坚武) 24.00
物理光学与应用光学(第二版)(石顺祥) 42.00
数控机床故障分析与维修(高职)(第二版) 25.00
液压与气动技术(第二版)(朱梅) (高职) 23.00

～～～～～～计算机提高普及类～～～～～～

计算机应用基础(第三版)(丁爱萍) (高职) 22.00
计算机文化基础(高职)(游鑫) 27.00
计算机文化基础上机实训及案例(高职) 15.00
计算机科学与技术导论(吕辉) 22.00
计算机应用基础(高职)(赵钢) 29.00
计算机应用基础——信息处理技术教程 31.00
《计算机应用基础——信息处理技术教程》
习题集与上机指导(张郭军) 14.00
计算机组装与维修(中职)(董小莉) 23.00
微型机组装与维护实训教程(高职)(杨文诚) 22.00

～～～～～～～计 算 机 网 络 类 ～～～～～～～

计算机网络技术基础教程(高职)(董武) 18.00
计算机网络管理(雷震甲) 20.00
网络设备配置与管理(李飞) 23.00
网络安全与管理实验教程(谢晓燕) 35.00
网络安全技术(高职)(廖兴) 19.00
网络信息安全技术(周明全) 17.00
动态网页设计实用教程(蒋理) 30.00
ASP动态网页制作基础教程(中职)(苏玉雄) 20.00
局域网组建实例教程(高职)(尹建璋) 20.00
Windows Server 2003组网技术(高职)(陈伟达) 30.00
组网技术(中职)(俞海英) 19.00
综合布线技术(高职)(王趾成) 18.00
计算机网络应用基础(武新华) 28.00
计算机网络基础及应用(高职)(向隅) 22.00

～～～～～～计 算 机 技 术 类 ～～～～～～

计算机系统结构与组成(吕辉) 26.00
电子商务基础与实务(第二版)(高职) 16.00
数据结构—使用 C++语言(第二版)(朱战立) 23.00
数据结构(高职)(周岳山) 15.00
数据结构教程——Java 语言描述(朱振元) 29.00
离散数学(武波) 24.00

软件工程(第二版)(邓良松) 22.00
软件技术基础(高职)(鲍有文) 23.00
软件技术基础(周大为) 30.00
嵌入式软件开发(高职)(张京) 23.00

~~~计算机辅助技术及图形处理类~~~

电子工程制图 (第二版) (高职) (童幸生) 40.00
电子工程制图(含习题集) (高职) (郑芙蓉) 35.00
机械制图与计算机绘图 (含习题集) (高职) 40.00
电子线路 CAD 实用教程 (潘永雄) (第三版) 27.00
AutoCAD 实用教程(高职)(丁爱萍) 24.00
中文版 AutoCAD 2008 精编基础教程(高职) 22.00
电子CAD(Protel 99 SE)实训指导书(高职) 12.00
计算机辅助电路设计Protel 2004(高职) 24.00
EDA 技术及应用(第二版)(谭会生) 27.00
数字电路 EDA 设计(高职)(顾斌) 19.00
多媒体软件开发(高职)(含盘)(牟奇春) 35.00
多媒体技术基础与应用(曾广雄) (高职) 20.00
三维动画案例教程(含光盘)(高职) 25.00
图形图像处理案例教程(含光盘) (中职) 23.00
平面设计(高职)(李卓玲) 32.00

~~~~~~~~操 作 系 统 类~~~~~~~~

计算机操作系统(第二版)(颜彬)(高职) 19.00
计算机操作系统(修订版)(汤子瀛) 24.00
计算机操作系统(第三版)(汤小丹) 30.00
计算机操作系统原理——Linux实例分析 25.00
Linux 网络操作系统应用教程(高职) (王和平) 25.00
Linux 操作系统实用教程(高职)(梁广民) 20.00

~~~~~~~微 机 与 控 制 类 ~~~~~~~

微机接口技术及其应用(李育贤) 19.00
单片机原理与应用实例教程(高职)(李珍) 15.00
单片机原理与应用技术(黄惟公) 22.00
单片机原理与程序设计实验教程(于殿泓) 18.00
单片机实验与实训指导(高职)(王曙霞) 19.00
单片机原理及接口技术(第二版)(余锡存) 19.00
新编单片机原理与应用(第二版)(潘永雄) 24.00
MCS-51单片机原理及嵌入式系统应用 26.00
微机外围设备的使用与维护 (高职) (王伟) 19.00
微机装配调试与维护教程(王忠民) 25.00
《微机装配调试与维护教程》实训指导 22.00

~~~~~数据库及计算机语言类~~~~~

C程序设计与实例教程(曾令明) 21.00
程序设计与C语言(第二版)(马鸣远) 32.00
C语言程序设计课程与考试辅导(王晓丹) 25.00
Visual Basic.NET程序设计(高职)(马宏锋) 24.00
Visual C#.NET程序设计基础(高职)(曾文权) 39.00
Visual FoxPro数据库程序设计教程(康贤) 24.00
数据库基础与Visual FoxPro9.0程序设计 31.00
Oracle数据库实用技术(高职)(费雅洁) 26.00
Delphi程序设计实训教程(高职)(占跃华) 24.00
SQL Server 2000应用基础与实训教程(高职) 22.00
Visual C++基础教程(郭文平) 29.00
面向对象程序设计与VC++实践(揣锦华) 22.00
面向对象程序设计与C++语言(第二版) 18.00
面向对象程序设计——JAVA(第二版) 32.00
Java 程序设计教程(曾令明) 23.00
JavaWeb 程序设计基础教程(高职) (李绪成) 25.00
Access 数据库应用技术(高职) (王趾成) 21.00
ASP.NET 程序设计与开发(高职)(眭碧霞) 23.00
XML 案例教程(高职)(眭碧霞) 24.00
JSP 程序设计实用案例教程(高职)(翁健红) 22.00
Web 应用开发技术：JSP(含光盘) 33.00

~~~~电子、电气工程及自动化类~~~~

电路(高赟) 26.00
电路分析基础(第三版)(张永瑞) 28.00
电路基础(高职)(孔凡东) 13.00
电子技术基础(中职)(蔡宪承) 24.00
模拟电子技术(高职)(郑学峰) 23.00
模拟电子技术(高职)(张凌云) 17.00
数字电子技术(高职)(江力) 22.00
数字电子技术(高职)(肖志锋) 13.00
数字电子技术(高职)(蒋卓勤) 15.00
数字电子技术及应用(高职)(张双琦) 21.00
高频电子技术(高职)(钟苏) 21.00
现代电子装联工艺基础(余国兴) 20.00
微电子制造工艺技术(高职)(肖国玲) 18.00
~~~~

Multisim电子电路仿真教程(高职) 22.00
电工基础(中职)(薛鉴章) 18.00
电工基础(高职)(郭宗智) 19.00
电子技能实训及制作(中职)(徐伟刚) 15.00
电工技能训练(中职)(林家祥) 24.00
电工技能实训基础(高职)(张仁醒) 14.00
电子测量技术(秦云) 30.00
电子测量技术(李希文) 28.00
电子测量仪器(高职)(吴生有) 14.00
模式识别原理与应用(李弼程) 25.00
信号与系统(第三版)(陈生潭) 44.00
信号与系统实验(MATLAB)(党宏社) 14.00
信号与系统分析(和卫星) 33.00
数字信号处理实验(MATLAB版) 26.00
DSP原理与应用实验(姜阳) 18.00
电气工程导论(贾文超) 18.00
电力系统的MATLAB/SIMULINK仿真及应用 29.00
传感器应用技术(高职)(王煜东) 27.00
传感器原理及应用(郭爱芳) 24.00
测试技术与传感器(罗志增) 19.00
传感器与信号调理技术(李希文) 29.00
传感器技术(杨帆) 27.00
传感器及实用检测技术(高职)(程军) 23.00
电子系统集成设计导论(李玉山) 33.00
现代能源与发电技术(邢运民) 28.00
神经网络(含光盘)(侯媛彬) 26.00
电磁场与电磁波(曹祥玉) 22.00
电磁波——传输·辐射·传播 (王一平) 26.00
电磁兼容原理与技术(何宏) 22.00
微波与卫星通信(李白萍) 15.00
微波技术及应用(张瑜) 20.00
嵌入式实时操作系统μC/OS-Ⅱ教程(吴永忠) 28.00
音响技术(高职)(梁长垠) 25.00
现代音响与调音技术 (第二版) (王兴亮) 21.00

~~~~~~通信理论与技术类~~~~~~

专用集成电路设计基础教程(来新泉) 20.00
现代编码技术(曾凡鑫) 29.00
信息论、编码与密码学(田丽华) 36.00
信息论与编码(邓家先) 18.00
密码学基础(范九伦) 16.00
通信原理(高职)(丁龙刚) 14.00
通信原理(黄葆华) 25.00
通信电路(第二版)(沈伟慈) 21.00
通信系统原理教程(王兴亮) 31.00
通信系统与测量(梁俊) 34.00
扩频通信技术及应用(韦惠民) 26.00
通信线路工程(高职) 30.00
通信工程制图与概预算(高职)(杨光) 23.00
程控数字交换技术(刘振霞) 24.00
光纤通信技术与设备(高职)(杜庆波) 23.00
光纤通信技术(高职)(田国栋) 21.00
现代通信网概论(高职)(强世锦) 23.00
电信网络分析与设计(阳莉) 17.00

~~~~~~仪器仪表及自动化类~~~~~~

现代测控技术 (吕辉) 20.00
现代测试技术(何广军) 22.00
光学设计(刘钧) 22.00
工程光学(韩军) 36.00
测试技术基础 (李孟源) 15.00
测试系统技术(郭军) 14.00
电气控制技术(史军刚) 18.00
可编程序控制器应用技术(张发玉) 22.00
图像检测与处理技术(于殿泓) 18.00
自动检测技术(何金田) 26.00
自动显示技术与仪表(何金田) 26.00
电气控制基础与可编程控制器应用教程 24.00
DSP 在现代测控技术中的应用(陈晓龙) 28.00
智能仪器工程设计(尚振东) 25.00
面向对象的测控系统软件设计(孟建军) 33.00
计量技术基础(李孟源) 14.00

~~~~~~~自动控制、机械类~~~~~~~

自动控制理论(吴晓燕) 34.00
自动控制原理(李素玲) 30.00
自动控制原理(第二版)(薛安克) 24.00
自动控制原理及其应用(高职)(温希东) 15.00
控制工程基础(王建平) 23.00
~~~~~~~

书名	定价
现代控制理论基础(舒欣梅)	14.00
过程控制系统及工程(杨为民)	25.00
控制系统仿真(党宏社)	21.00
模糊控制技术(席爱民)	24.00
工程电动力学(修订版)(王一平)(研究生)	32.00
工程力学(张光伟)	21.00
工程力学(皮智谋)(高职)	12.00
理论力学(张功学)	26.00
材料力学(张功学)	27.00
材料成型工艺基础(刘建华)	25.00
工程材料及应用(汪传生)	31.00
工程材料与应用(戈晓岚)	19.00
工程实践训练(周桂莲)	16.00
工程实践训练基础(周桂莲)	18.00
工程制图(含习题集)(高职)(白福民)	33.00
工程制图(含习题集)(周明贵)	36.00
工程图学简明教程(含习题集)(尉朝闻)	28.00
现代设计方法(李思益)	21.00
液压与气压传动(刘军营)	34.00
先进制造技术(高职)(孙燕华)	16.00
机械原理多媒体教学系统(资料)(书配盘)	120.00
机械工程科技英语(程安宁)	15.00
机械设计基础(郑甲红)	27.00
机械设计基础(岳大鑫)	33.00
机械设计(王宁侠)	36.00
机械设计基础(张京辉)(高职)	24.00
机械基础(安美玲)(高职)	20.00
机械 CAD/CAM(葛友华)	20.00
机械 CAD/CAM(欧长劲)	21.00
机械 CAD/CAM 上机指导及练习教程(欧)	20.00
画法几何与机械制图(叶琳)	35.00
《画法几何与机械制图》习题集(邱龙辉)	22.00
机械制图(含习题集)(高职)(孙建东)	29.00
机械设备制造技术(高职)(柳青松)	33.00
机械制造基础(高职)(郑广花)	21.00
数控加工与编程(第二版)(高职)(詹华西)	23.00
数控加工工艺学(任同)	29.00
数控加工工艺(高职)(赵长旭)	24.00
数控加工工艺课程设计指导书(赵长旭)	12.00
数控加工编程与操作(高职)(刘虹)	15.00
数控机床与编程(高职)(饶军)	24.00
数控机床电气控制(高职)(姚勇刚)	21.00
数控应用专业英语(高职)(黄海)	17.00
机床电器与 PLC(高职)(李伟)	14.00
电机及拖动基础(高职)(孟宪芳)	17.00
电机与电气控制(高职)(冉文)	23.00
电机原理与维修(高职)(解建军)	20.00
供配电技术(高职)(杨洋)	25.00
金属切削与机床(高职)(聂建武)	22.00
模具制造技术(高职)(刘航)	24.00
模具设计(高职)(曾霞文)	18.00
冷冲压模具设计(高职)(刘庚武)	21.00
塑料成型模具设计(高职)(单小根)	37.00
液压传动技术(高职)(简引霞)	23.00
发动机构造与维修(高职)(王正键)	29.00
机动车辆保险与理赔实务(高职)	23.00
汽车典型电控系统结构与维修(李美娟)	31.00
汽车机械基础(高职)(娄万军)	29.00
汽车底盘结构与维修(高职)(张红伟)	28.00
汽车车身电气设备系统及附属电气设备(高职)	23.00
汽车单片机与车载网络技术(于万海)	20.00
汽车故障诊断技术(高职)(王秀贞)	19.00
汽车营销技术(高职)(孙华宪)	15.00
汽车使用性能与检测技术(高职)(郭彬)	22.00
汽车电工电子技术(高职)(黄建华)	22.00
汽车电气设备与维修(高职)(李春明)	25.00
汽车使用与技术管理(高职)(边伟)	25.00
汽车空调(高职)(李祥峰)	16.00
汽车概论(高职)(邓书涛)	20.00
现代汽车典型电控系统结构原理与故障诊断	25.00

欢迎来函索取本社书目和教材介绍！ 通信地址：西安市太白南路 2 号 西安电子科技大学出版社发行部
邮政编码：710071 邮购业务电话：(029)88201467 传真电话：(029)88213675。